工业和信息化普通高等教育“十二五”规划教材立项项目
21世纪高等教育计算机规划教材

COMPUTER

C语言趣味实验

The Interesting Experiments of C Language

■ 董妍汝 闫俊伢 主编
■ 安俊秀 副主编

人民邮电出版社
北京

图书在版编目（CIP）数据

C语言趣味实验 / 董妍汝，闫俊伢主编. -- 北京：人民邮电出版社，2014.9
21世纪高等教育计算机规划教材
ISBN 978-7-115-36101-1

Ⅰ. ①C… Ⅱ. ①董… ②闫… Ⅲ. ①C语言－程序设计－高等学校－教材 Ⅳ. ①TP312

中国版本图书馆CIP数据核字(2014)第156490号

内 容 提 要

本书是和《C语言程序设计（第3版）》配套使用的实验指导书。

全书主要内容由三部分组成，第一部分为实验，第二部分为常用算法，第三部分为练习题。第一部分针对教材各章设有16个实验，每个实验既有针对某个知识点的专项练习，又有知识点的综合应用，还联系生活实际设计了一个趣味编程题。第二部分介绍了教材中涉及的一些常用算法，对算法进行了简单的分析讲解，方便读者对比查看。第三部分围绕教材的各章知识，分别设计了相应的习题。

全书内容紧扣C语言程序设计的相关知识点，案例丰富，实用性强，可作为大学本专科学生学习C语言程序设计的配套实验指导教材。

◆ 主　　编　董妍汝　闫俊伢
副 主 编　安俊秀
责任编辑　邹文波
责任印制　彭志环　杨林杰

◆ 人民邮电出版社出版发行　　北京市丰台区成寿寺路11号
邮编　100164　　电子邮件　315@ptpress.com.cn
网址　http://www.ptpress.com.cn
北京圣夫亚美印刷有限公司印刷

◆ 开本：787×1092　1/16
印张：11.25　　2014年9月第1版
字数：291千字　　2014年9月北京第1次印刷

定价：29.80元

读者服务热线：(010)81055256　印装质量热线：(010)81055316
反盗版热线：(010)81055315

前言

本书是《C 语言程序设计（第 3 版）》（人民邮电出版社）的配套实验指导教材。程序设计课是一门实践性很强的课程，需要通过上机逐渐加深对概念的理念和掌握。重视实践环节，是学好程序设计课的关键。

为了提高 C 语言课程的学习效果，本书每个实验均设计成贴近生活、体现趣味性，使读者认识到 C 语言并不是一门枯燥、高深的课程，是可以学以致用的，激发其学习热情。同时，每个实验均设有知识点练习，该部分并不是一些小程序的堆积，而是经过精心设计的，对读者容易出错、理解不透彻的知识点用对比、改错等方法进行针对性的练习，为独立编程打下坚实的基础。

本书由三部分组成，第一部分为实验，第二部分为常用算法，第三部分为练习题。第一部分针对教材的每章共设有 16 个实验，每个实验针对各章的主要知识点，设有针对性的实验和综合性的实验。除最后 3 个实验外，其余实验由七部分构成，分别是目的和要求、应用实例、知识回顾、实验内容、目标程序、编程提高、问题讨论。这七部分内容的难度逐层递增，使读者有一个阶梯式学习的过程。目的和要求，说明该实验的重点、难点及要掌握的内容；应用实例，展示通过该章节的知识可以解决的实际问题，让读者更有兴趣、更有信心完成实验；知识回顾，简单概述了与实验内容相关的 C 语言知识，以便读者进行复习，在之后的实验过程中，遇到不会的知识点可以在此进行快速查看；实验内容，针对该实验要掌握的内容，逐个突破讲解练习，使读者能够深刻理解该知识点，为完成之后的综合实验奠定了基础；目标程序，当读者完成对知识点的逐个练习和综合练习之后，就可以自己顺利编程了，该部分对之前提出的应用实例进行编程，在此根据应用实例的难度进行提示分析，之后由读者完成；编程提高，完全由读者自己独立完成，没有任何提示代码；问题讨论，是对该实验知识点的进一步理解。第二部分介绍了教材中涉及的一些常用算法，在此对算法进行了简单的分析讲解，方便读者对比查看。第三部分围绕教材的章节知识，分别设计了相应的习题。

本书由董妍汝、闫俊伢任主编，安俊秀任副主编。

第一部分的实验 1～实验 5 由董妍汝编写，实验 6、实验 16、附录由安俊秀编写，实验 7～实验 10、实验 15 由闫俊伢编写，实验 12、实验 13、第三部分由张文盛编写，实验 11、实验 14 由于华编写，第二部分由杨丽英编写。全书由张永奎审阅。

由于编写时间紧，编者水平有限，书中难免存在错误之处，敬请读者批评指正。

编　者

2014 年 6 月

前言

本书是《C语言程序设计（第3版）》（人民邮电出版社出版）的配套[illegible]

[illegible]

本书由三部分组成。第一部分为[illegible]第二部分为[illegible]第三部分为[illegible]

[illegible]16个实验[illegible]

[illegible]

编者

2014年[illegible]

目 录

第一部分 实验

第一部分 实验

- 实验 1　C 语言程序运行环境的安装和使用——输入/输出你的个人信息
- 实验 2　数据类型、运算符与表达式——计算银行存款本利之和
- 实验 3　数据输入与输出——预测身高和体重
- 实验 4　分支结构程序设计（1）——制作简单计算器
- 实验 5　分支结构程序设计（2）——制作自动售货机
- 实验 6　循环结构程序设计（while）——舍罕王的失算
- 实验 7　循环结构程序设计（for）——谁在说谎
- 实验 8　数组——寻找矩阵中的鞍点
- 实验 9　字符数组——翻译数字
- 实验 10　递归及函数的使用——猜年龄
- 实验 11　指针——统计选票
- 实验 12　结构体与共用体——制作产品销售记录
- 实验 13　文件——制作班级通信录
- 实验 14　综合应用举例 1——按选手顺序输出选手的名次
- 实验 15　综合应用举例 2——统计文章单词数
- 实验 16　综合应用举例 3——文件加密/解密系统

实验1

C语言程序运行环境的安装和使用
——输入/输出你的个人信息

1.1 目的和要求

（1）熟悉 Visual C++ 6.0 的集成开发环境；

（2）了解完整的C语言程序开发过程，理解简单的C语言程序结构；

（3）了解C语言程序的建立、编译、链接、运行的方法与步骤。

1.2 应用实例

通过以下实验对知识点的讲解和练习，独立完成应用实例。

编程输入/输出你的个人信息。输入你的学号、班级、年龄等信息，并按照一定的格式输出该信息。

1.3 知识回顾

1. 每个C语言程序都必须有且仅有一个主函数 main()，一对花括号“{ }”是主函数的定界符。建议“{”和“ }”纵向对齐，以方便查找。每个C语言程序总是从 main()处开始执行，而不管 main()在源程序中的位置如何。

2. C语言程序的基本单位是函数：主函数 main()、库函数（如 printf()）、自定义函数。

3. 一个函数名后面必须跟()。

4. 由“/* */”括起来的文字和以“//”开头的文字是注解行，对编译和运行不起作用，可放在程序任意位置。

5. 语句用分号结束，一行可以写多条语句。一条语句写在不同行，需使用续行符：\（反斜杠）。

6. C语言中字母区分大小写。

7. 函数的结构如下：

```
#include <stdio.h>                          //编译预处理命令
main()                                      //程序从主函数开始
{ int a,b,sum ;                             //变量的声明
  a=123 ; b=456 ;                           //给变量赋值
  sum=a+b;
  printf("sum is %d",sum);                  //所有的程序都必须有输出语句
}
```

8. 运行程序要经过编译、链接、运行三步。保存程序时，会生成一个扩展名是“.c”的源文件；编译程序时，会生成一个扩展名是“.obj”的目标文件；链接程序时，会生成一个扩展名是“.exe”的可执行文件。

1.4　实验内容

1.4.1　知识点练习

1. Visual C++ 6.0 的安装

第一步：解压安装文件的压缩包，双击扩展名是“.exe”的安装文件，开始安装。

第二步：进入如图 1-1 所示的安装向导。单击“下一步”按钮。

第三步：在如图 1-2 所示的界面中，选择“接受协议”，并单击“下一步”按钮。

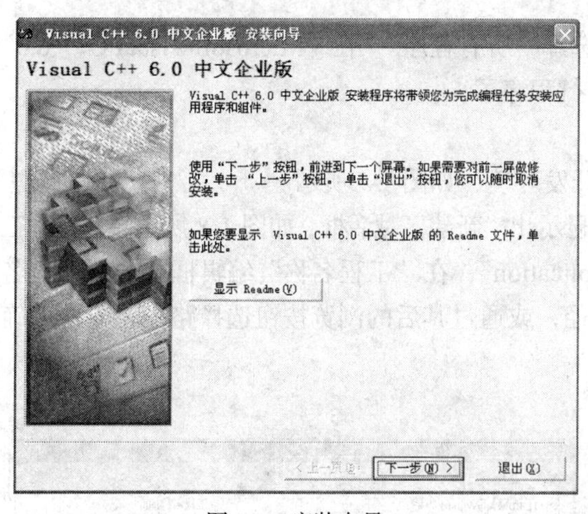

图 1-1　安装向导

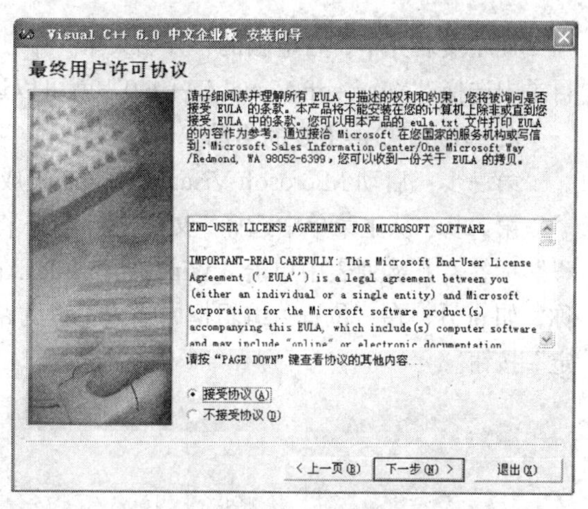

图 1-2　用户许可协议

第四步：在之后的安装过程中，直接单击“下一步”按钮。进入如图 1-3 所示的界面后，选择好安装目录，并单击“下一步”按钮。

第五步：在之后的安装过程中，直接单击“下一步”按钮。进入如图 1-4 所示的界面后，选择“Typical”开始安装。

第六步：在之后的安装过程中，使用默认设置，直接单击“下一步”按钮。最终出现如图 1-5 所示的界面，单击“确定”按钮，安装成功。

第七步：在如图 1-6 所示界面中取消“安装 MSDN”前面的勾号，单击“退出”按钮。

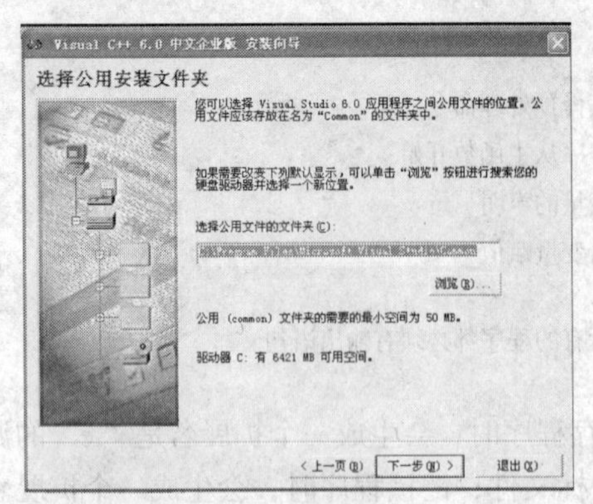

图 1-3　安装路径

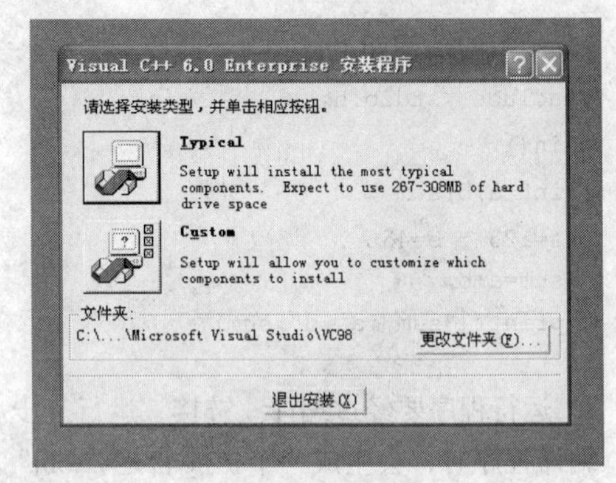

图 1-4　安装类型

图 1-5　安装成功

图 1-6　安装类型

程序安装完毕，在电脑的“开始菜单”中，选择“所有程序”，在“Microsoft Visual C++ 6.0”目录中选择“Microsoft Visual C++ 6.0”就可以运行程序了。

2. Visual C++ 6.0 的启动

第一步：启动 Microsoft Visual C++ 6.0 集成开发环境，如图 1-7 所示。

第二步：从主菜单中选择“文件—新建”，将显示出“新建”对话框，如图 1-8 所示；选择“工程”标签，并从列表中单击“Win32 Console Application”，在“工程名称”编辑框中输入工程名称，如 pro1，在“位置”编辑框中输入工程的路径，或通过其后的浏览按钮选择路径。单击“确定”按钮。

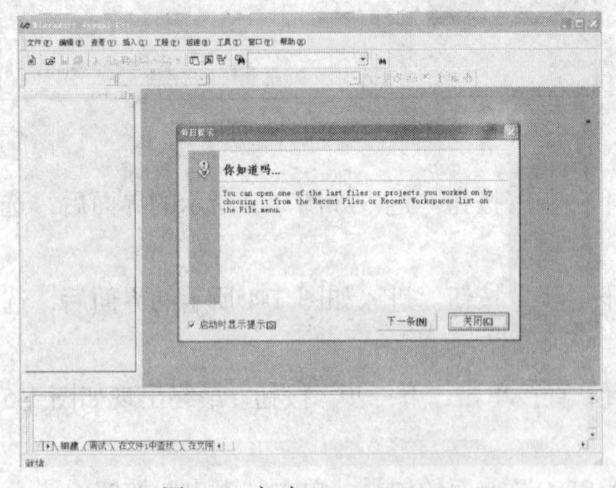

图 1-7　启动 Visual C++ 6.0

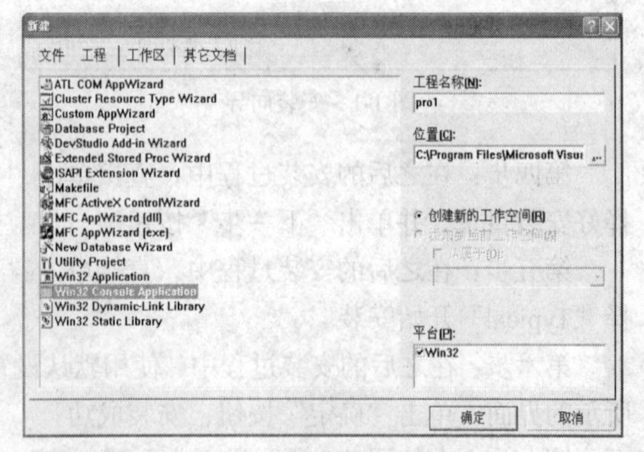

图 1-8　新建“工程”

第三步：在如图 1-9 所示的控制台向导窗口中选择“一个空工程”，单击“完成”按钮。

第四步：进入如图 1-10 所示的界面，显示创建的工程信息，单击“确定”按钮。

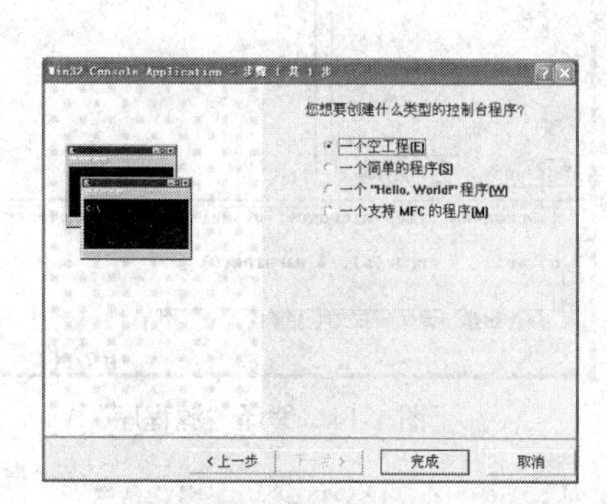

图 1-9　创建“空工程”

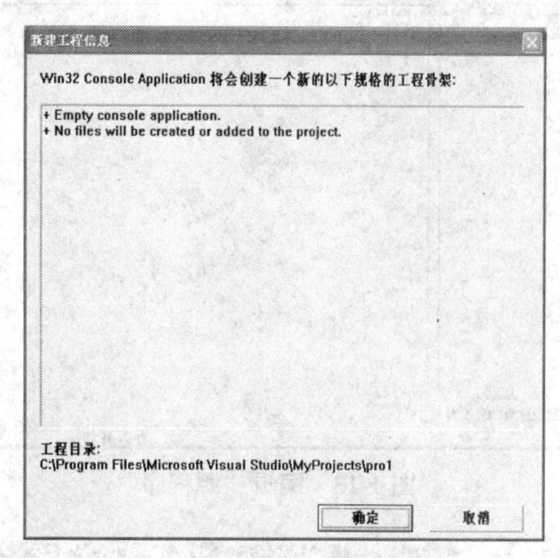

图 1-10　显示“工程信息”

第五步：在当前界面中，选择“文件”标签—“C++ Source File”，如图 1-11 所示，并输入文件名称，如 c1.c，单击“确定”按钮。

第六步：创建源文件完成，在如图 1-12 所示的界面中录入源程序即可。

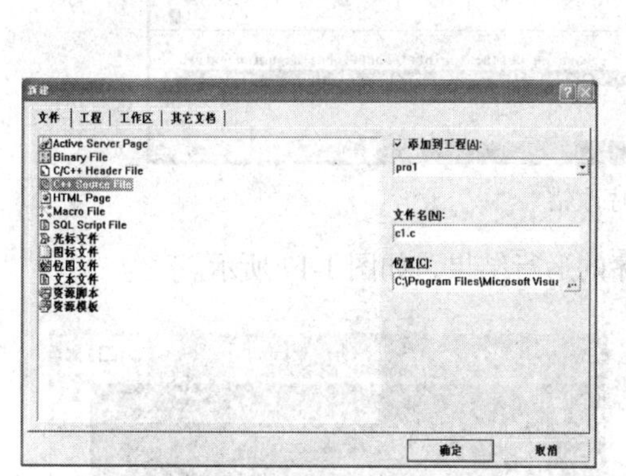

图 1-11　新建“源程序”

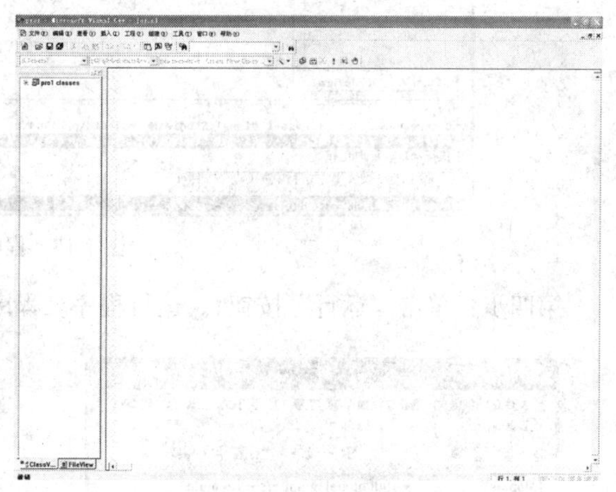

图 1-12　录入“源程序”界面

3. 使用 Visual C++ 6.0 运行程序

第一步：在如图 1-13 所示的界面中录入源程序。

第二步：单击“编译”按钮，开始调试程序，出现如图 1-14 所示的界面。该图下方的“组建”标签中显示了编译结果。如果没有错误，则显示“0 error(s)，0 warning(s)”，可以进行下一步操作。如果有错，则在“组建”标签中，找到错误提示信息，并在该提示信息上双击，如图 1-15 所示，该提示行出现蓝色背景，且程序中出现了一个蓝色的箭头，显示该错误提示行的位置。根据这些信息进行改错并重新编辑，直到编译通过。

第三步：单击“链接”按钮，进行链接操作，如图 1-16 所示，如果链接通过，则下方的“组建”标签中显示“0 error(s)，0 warning(s)”，可以进行下一步操作。如果有错，则进行改错，直到链接通过为止。

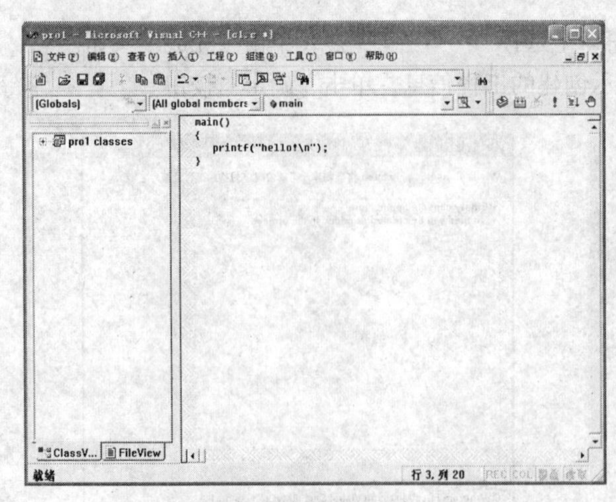

图 1-13　编辑“源程序”

图 1-14　编译“源程序”

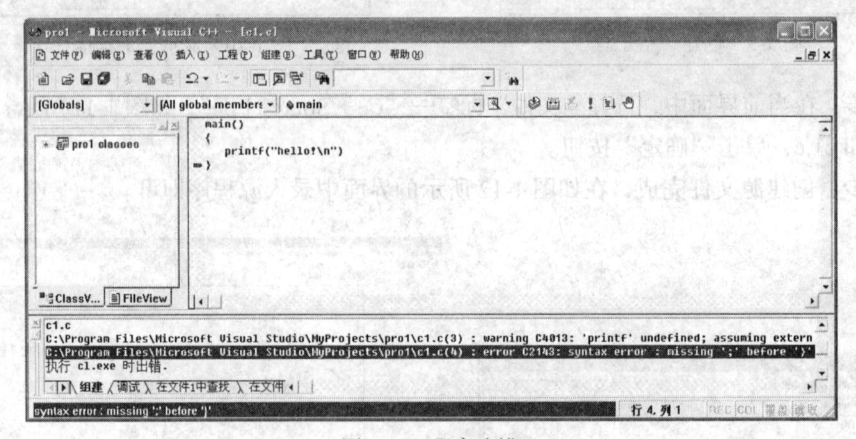

图 1-15　程序改错

第四步：单击“运行”按钮!，运行程序。程序的运行结果，如图 1-17 所示。

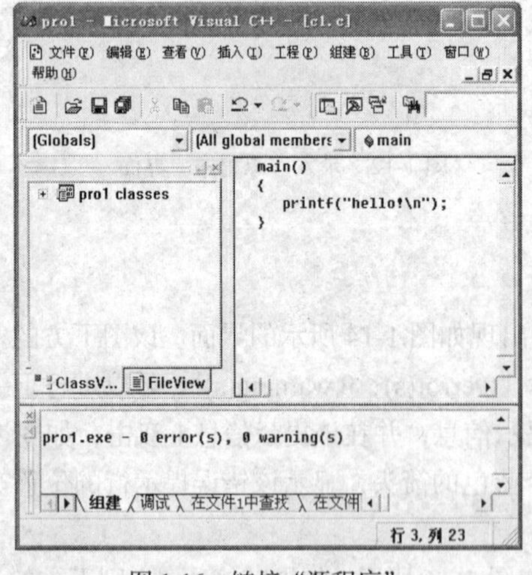

图 1-16　链接“源程序”

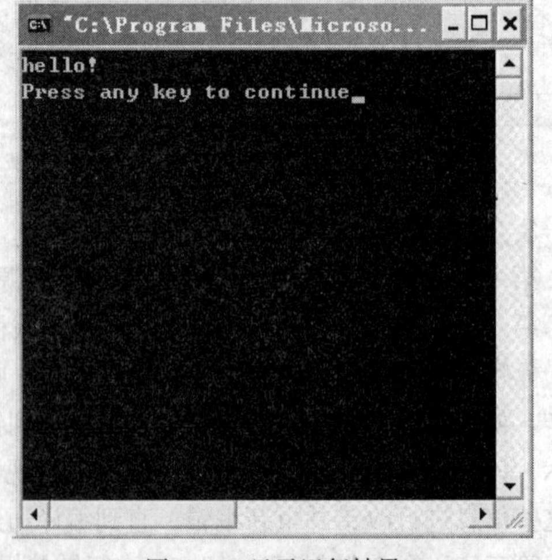

图 1-17　显示运行结果

第五步：按任意键可以关闭如图 1-17 所示的界面。

重复以上步骤，编写下一个程序。

1.4.2　阅读程序

（1）

```
#include <stdio.h>
void main()
{ printf("Hello,C! ");
}
```

程序的运行结果：________________

（2）

```
#include <stdio.h>
void main()
{ printf("\n**********");
  printf("Hello,C! ");
  printf("**********\n");
}
```

程序的运行结果：________________

（3）

```
#include <stdio.h>
void main()
{ int a,b,c;                    /*定义三个整型变量*/
  a=3;b=5;c=a*b;                /*给变量赋值*/
  printf("\nc=a*b=%d",c);
}
```

程序的运行结果：________________

（4）

```
#include <stdio.h>
void main()
{ int a,b,sum ;                 /*定义三个整型变量*/
  a=123; b=456;
  sum=a+b;
  printf("SUM is %d",sum);
}
```

程序的运行结果：________________

1.4.3　程序填空

（1）

```
#include <stdio.h>
void main()
{ printf(______________);
}
```

该程序的输出结果如图 1-18 所示。

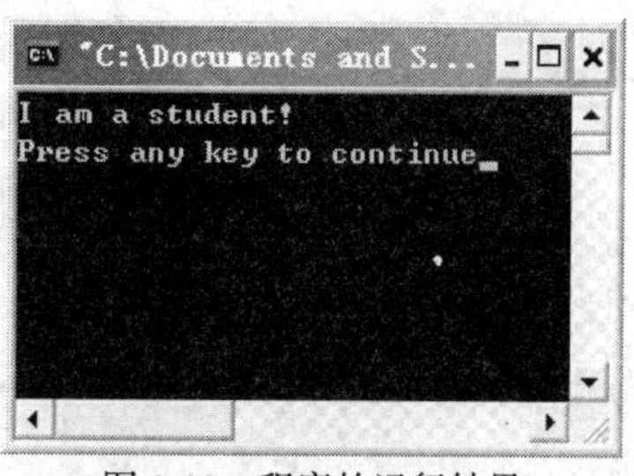

图 1-18　程序的运行结果

（2）

```
#include <stdio.h>
void main()
{ int a,b;
  scanf(______________);        /*输入变量 a、b 的值*/
  printf(______________);       /*输出变量 a、b 的值，注意输出格式*/
}
```

该程序的输出结果如图 1-19 所示。

（3）

```
#include <stdio.h>
void main()
{ int a,b;
```

```
  printf(______________);            /*输出提示语句：请输入 a、b 的值*/
  scanf(______________);             /*输入变量 a、b 的值*/
  printf(______________);            /*输出结果，注意输出格式*/
}
```

该程序的输出结果如图 1-20 所示。

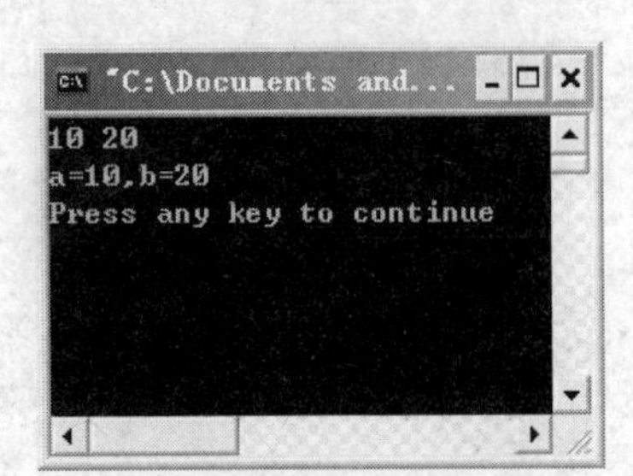

图 1-19　程序的运行结果

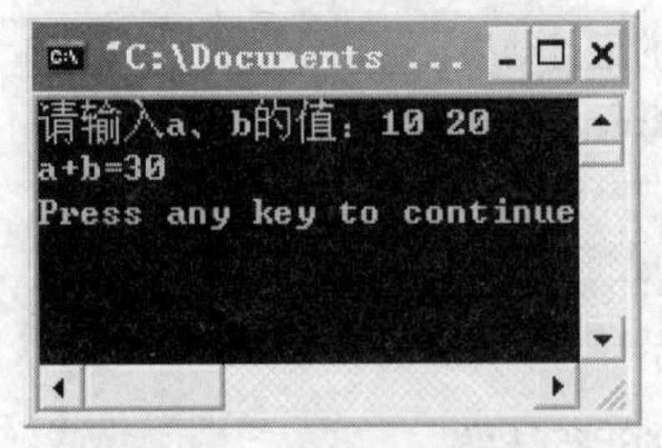

图 1-20　程序的运行结果

思考

如果程序的输出结果"a+b=30"中，显示用户输入的具体的 a、b 的值，如 10+20=30，则输入语句应该如何修改？

1.5　目标程序

编程输入/输出你的个人信息，输出结果如图 1-21 所示。

```
#include <stdio.h>
void main()
{                              /*定义程序中出现的变量*/
                               /*输出提示语句"请输入你的学号"*/
                               /*输入学号*/
                               /*输出提示语句"请输入你的班级"*/
                               /*输入班级*/
                               /*输出提示语句"请输入你的年龄"*/
                               /*输入年龄*/
                               /*输出提示语句"学号　班级　年龄"*/
                               /*输出具体的信息*/
}
```

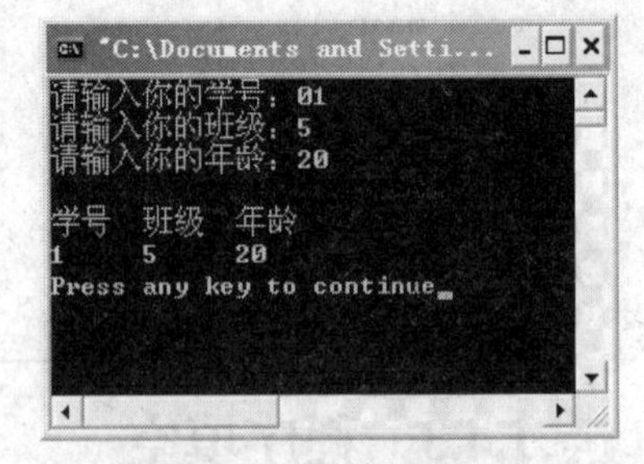

图 1-21　程序的运行结果

1.6　编程提高

1. 编程输出以下图案。

```
*****************
    Hello, c!            /*该行中的第一个字符与第一行的第五个"*"对齐*/
*****************
```

2. 输入长方形的边长，输出其面积和边长。要求输出格式为"边长为？和？的长方形的面积是？，边长是？"。其中，"？"代表具体的值。

1.7　问题讨论

1. 如何用高级程序语言解决实际问题?

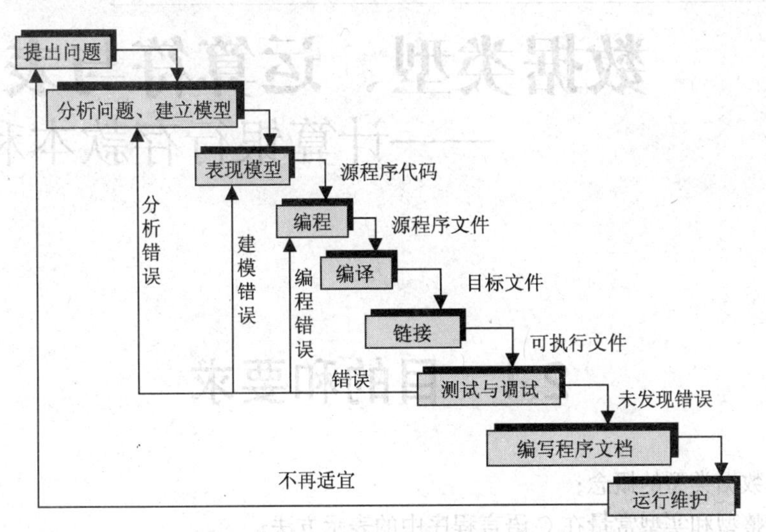

图 1-22　高级程序语言的开发过程

2. 运行程序前，如果“编译”和“链接”出错，是什么原因?

当程序中存在不符合 C 语言规则的格式和语句时，会出现编译错误；当程序调用了不存在的函数或者函数名输入错误时，就会出现链接错误。

实验2 数据类型、运算符与表达式——计算银行存款本利之和

2.1 目的和要求

（1）掌握数据类型的概念；
（2）掌握整型和实型常量在C语言程序中的表示方法；
（3）掌握变量定义以及赋初值的方法、变量三要素的含义；
（4）理解和掌握运算符的优先级和结合方向。

2.2 应用实例

通过以下实验对知识点的讲解和练习，独立完成应用实例。

计算定期存款本利之和。

设银行定期存款的年利率rate为2.25%，并已知存款期为n年，存款本金为capital元，试编程计算n年后的本利之和deposit。要求定期存款的年利率rate、存款期n和存款本金capital均由键盘输入。

2.3 知识回顾

1. 数据类型的定义

类型说明符 变量名表；

如：
```
char a;                  //定义了一个字符型变量
int num1,num2,num3;      //定义了三个整数变量
float fla1,fla2;         //定义了两个单精度实型变量
```

2. 整型变量

整型变量的类型如表2-1所示。

表 2-1 整型变量的类型

数据类型	字节长度	取值范围
int	4	−2 147 483 648~2 147 483 647，即$-2^{31}\sim(2^{31}-1)$
short	2	−32 768~32 767，即$-2^{15}\sim(2^{15}-1)$
long	4	−2 147 483 648~2 147 483 647，即$-2^{31}\sim(2^{31}-1)$
unsigned int	4	0~4 294 967 295，即 $0\sim(2^{32}-1)$
unsigned short	2	0~65 535，即 $0\sim(2^{16}-1)$
unsigned long	4	0~4 294 967 295，即 $0\sim(2^{32}-1)$

3. 实型变量

实型变量的类型如表 2-2 所示。

表 2-2 实型变量的类型

类型	字节长度	有效数字	数值范围
单精度 float	4	6~7	$-3.4\times10^{-38}\sim3.4\times10^{38}$
双精度 double	8	15~16	$-1.7\times10^{-308}\sim1.7\times10^{308}$
长双精度 long double	16	18~19	$-1.2\times10^{-4932}\sim1.2\times10^{4932}$

4. 字符型变量

字符型变量的类型如表 2-3 所示。

表 2-3 字符型变量的类型

数据类型	字节长度	取值范围
char	1	−128~127 之间的整常数
unsigned char	1	0~255 之间的整常数

5. 算术运算符：+、−、*、/、%

（1）算术运算为双目运算，结合性为从左向右。

（2）算术运算符*、/、%的优先级别高于+、−运算符。

（3）除法运算符/：如果两个操作数是整数，则是整除运算，其结果是整数，如：5/3=1。

（4）取余运算符%：余数的符号与被除数相同。如：9%−5=4，−9%5=−4。

6. 关系运算符：>、<、>=、<=、==、!=

（1）关系运算为双目运算，结合性为从左向右。

（2）关系运算符>、<、>=、<=的优先级别高于==、!=运算符。

（3）关系表达式的值只能有两种可能："真"（值为 1）；"假"（值为 0）。

7. 逻辑运算符：||、& &、!

（1）||、& & 为双目运算，结合性为从左到右；! 为单目运算，结合性为从右到左。

（2）逻辑运算符的优先级别为：! 高于&&高于||。

（3）逻辑运算的值分为"真"和"假"两种，分别用"1"和"0"来表示。

8. 赋值运算符：=

（1）复合赋值运算为双目运算，结合性为先右后左。

（2）赋值运算符不同于数学中的"等于号"，这里不是进行比较的操作，而是进行赋值的操作。

9. 复合赋值运算符

（1）复合赋值运算为双目运算，结合性为先右后左。

（2）xOP=y，等价于 x=xOPy。如：n+=1 等价于 n=n+1，n*=m+3 等价于 n=n*(m+3)。

10. 自增自减运算符：++、--

（1）自增自减运算均为单目运算，只能一侧跟操作数 ，结合性为先右后左。

（2）若 i 的初值为 5，则 i++的含义：表达式先取 i 的值 5，i 的值再加 1，i 的值变成 6。

++i 的含义：i 的值先加 1，i 的值变成 6，表达式再取 i 的值为 6。

11. 条件运算符： ？：

（1）条件运算符表达式：表达式 1？表达式 2：表达式 3.

（2）条件运算符的执行顺序：求表达式 1 的值，若值为真，则求解表达式 2 的值，且整个条件表达式的值等于表达式 2 的值；若值为假，则求解表达式 3 的值，且整个条件表达式的值等于表达式 3 的值。

（3）条件运算符为三目运算符，结合性为从左向右。

12. 强制类型转换符：()

（1）强制类型转换表达式格式：（类型名）表达式；

如：（int）3.14，将 3.14 强制转换为整型数据 3。

（2）强制类型转换运算符为单目运算符，结合性为从右向左。

13. 求字节运算符：sizeof()

求字节运算符为单目运算符，结合性为从右向左。

14. 逗号运算符：,

（1）逗号表达式：表达式 1,表达式 2,…,表达式 n

（2）逗号表达式的求解过程是先求解表达式 1 的值，再求解表达式 2 的值，一直求到表达式 n 的值，整个逗号表达式的值是表达式 n 的值。

（3）逗号运算符结合性为从左向右。

2.4 实验内容

2.4.1 知识点练习

1. 研究“变量的定义和初始化”

运行以下程序，观察程序运行结果，并对输出结果进行解释。

```
#include <stdio.h>
void main( )
{  int k;
   float x=3.6f;
   printf("\n[k=x]=%d:  x=%f   k=%d", k=x, x, k);
   printf("\n[k=x]=%d:  x=%0.1f  k=%d", k=x, x, k);
}
```

为什么输出的两个 k 值不同？

2. 研究"变量三要素"

变量的"三要素"分别指变量的数据类型、变量的值、变量的地址。程序中定义一个变量，系统就会根据其数据类型，为该变量分配相应的内存单元；内存单元中的内容，即是变量的值；每个内存单元都有确定的地址编号，以便访问。

运行以下程序，观察程序运行结果。

```
#include <stdio.h>
void main( )
{ char c;
  int i;
  printf("\nInput a char:");
  scanf("%c",&c);                              //给字符型变量赋初值
  printf("字符 c 的值是%c\n",c);
  printf("字符 c 占内存%d 字节\n",sizeof(c));
  printf("字符 c 的起始地址是 0x%x\n",&c);
  printf("\nInput an integer:");
  scanf("%d",&i);                              //给整型变量赋初值
  printf("整数 i 的值是%d\n",i);
  printf("整数 i 占内存%d 字节\n",sizeof(i));
  printf("整数 i 的起始地址是%#x \n",&i);
}
```

3. 研究++和--

先分析以下程序的输出结果，并填入表 2-4，再运行程序检查结果是否与判断的结果相同，若不同，试分析原因。

```
#include <stdio.h>
void main( )
{ int i = 5,j = 6,k;
①printf("i=%d,j=%d\n",i,j);
  i++; ++j;                         //相当于 i=i+1;   j=j+1;
②printf("[i++; ++j;]: i=%d,j=%d\n",i,j);
  i--; --j;                         //相当于?
③printf("[i--; --j;]: i=%d,j=%d\n",i,j);
  k=(i++)+(++j);                    //相当于?
④printf("[k=(i++)+(++j);]: i=%d,j=%d,k=%d\n",i,j,k);
  k=(i--)+(--j);                    //相当于?
⑤printf("[k=(i--)+(--j);]: i=%d,j=%d,k=%d\n",i,j,k);
  i=j=k=7;
⑥printf("[i=j=k=7;]: i=%d,j=%d,k=%d\n",i,j,k);
  k+=i++;                           //相当于?
⑦printf("[k+=i++;]: i=%d,j=%d,k=%d\n",i,j,k);
  k%=++i;                           //相当于?
⑧printf([k%=++i;]: "i=%d,j=%d,k=%d\n",i,j,k);
  k*=j--;                           //相当于?
⑨printf("[k*=j--;]: i=%d,j=%d,k=%d\n",i,j,k);
}
```

表 2-4　　++和--运算

	初始值	①	②	③	④	⑤	⑥	⑦	⑧	⑨
i										
j										
k										

4. 关于算术表达式和赋值表达式

请先分析判断以下(1)、(2)中表达式的值，填入表 2-5。自己编写程序，验证表达式的判断结果是否正确。

思考表达式的类型是什么。在编程时选用正确的格式控制方式输出其结果。

（1）当 x=2.5,y=4.7,z=7 时，观察以下表达式的值：　x+z%3*(int)(x+y)%2/4

（2）当 a=12 时，观察以下表达式的值：

① a+=a; ②a*=2+3; ③a%=(5%2); ④a+=a-=a*=a

表 2-5　　表达式的值

变量的值：x=2.5　y=4.7　z=7	你的判断	程序结果
x+z%3*(int)(x+y)%2/4		
变量的值：a=12	你的判断	程序结果
a+=a		
a*=2+3		
a%=(5%2)		
a+=a-=a*=a		

特别提示： 书写 C 语言表达式要注意和数学中的习惯书写方式的区别，如 3x+1 等形式的省略写法。

2.4.2　阅读程序

（1）
```
#include <stdio.h>
void main()
{ int a=7,b=4;
  float x=2.5,y;
  y=x+a%(int)(x+b)%2/4;
  printf("y=%f",y);
}
```
该程序的运行结果：________________

（2）
```
#include <stdio.h>
void main()
{ int i=3;
  printf("%d\n",-i++);
  printf("%d",i);
}
```
该程序的运行结果：________________

（3）
```
#include <stdio.h>
void main()
```

```
{ int x,a,y;
  x=(a=3,6*3);
  y=a=3,6*a;
  printf("%d,%d\n",x,y);
  printf("%d\n",(y=a=3,6*a));
}
```

该程序的运行结果：＿＿＿＿＿＿＿＿＿＿

（4）

```
#include <stdio.h>
void main()
{ int i,j,a,b;
  i=3;j=5;
  a=++i;b=j++;
  printf("a=%d,b=%d\n",a,b);
  printf("i:%d,%d\n",++i,i);
  printf("j:%d,%d\n",j++,j);
}
```

该程序的运行结果：＿＿＿＿＿＿＿＿＿＿

（5）

```
#include <stdio.h>
void main()
{ int a=5,b=4,c=3;
  printf("%d\n",a>b>c);
  printf("%d\n",a+b>c%a||!a-b&&a!=a);
  printf("%d\n",a!=b||b>c-1&&!c==c&&a*a+b*b==c*c);
}
```

该程序的运行结果：＿＿＿＿＿＿＿＿＿＿

（6）

```
#include <stdio.h>
void main()
{ char ch1,ch2,ch3,ch4;
  ch1='a';
  ch2='a'+'7';
  ch3='a'+7;                                  //注意 ch2 与 ch3 的值
  ch4='\102';
  printf("ch1=%c,ch2=%c,ch3=%c,ch4=%c\n",ch1,ch2,ch3,ch4);
}
```

该程序的运行结果：＿＿＿＿＿＿＿＿＿＿

（7）

```
#include <stdio.h>
void main()
{ int x=2,y=0,z;
  x*=3+2; printf("x=%d\n",x);
  x*=y=z=4; printf("x=%d\n",x);
  y-=x; printf("y=%d\n",y);
}
```

该程序的运行结果：＿＿＿＿＿＿＿＿＿＿

（8）

```
#include <stdio.h>
void main()
{ int a,b;
  long c,d;                                  /*定义 c、d 为长整型变量*/
  a=2147483647;b=1;
  c=2147483647;d=1;
  printf("int:%d,%d\n",a,a+b);
  printf("long:%ld,%ld\n",c,c+d);
```

```
}
```

该程序的运行结果：________________

2.4.3 程序填空

（1）
```
#include <stdio.h>
void main()
{ float a,b;
  printf("input 2 reals please:");
  scanf("%f%f",&a,&b);
  printf("%f+|%f|=%f",a,b, ____________ );        //显示 a+|b|的值
}
```

该程序的输出结果如图 2-1 所示。

（2）
```
#include <stdio.h>
void main()
{ printf("____________ ");                        //输出：Turo 'c'
  printf(" ____________ ");                       //输出：I say :"How are you? "
}
```

该程序的输出结果如图 2-2 所示。

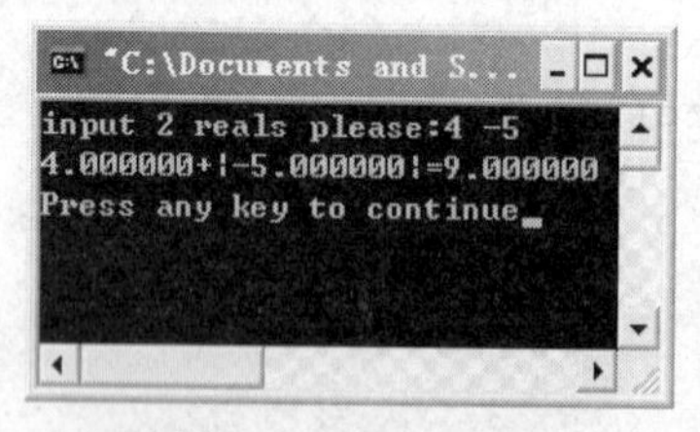

图 2-1 程序运行结果

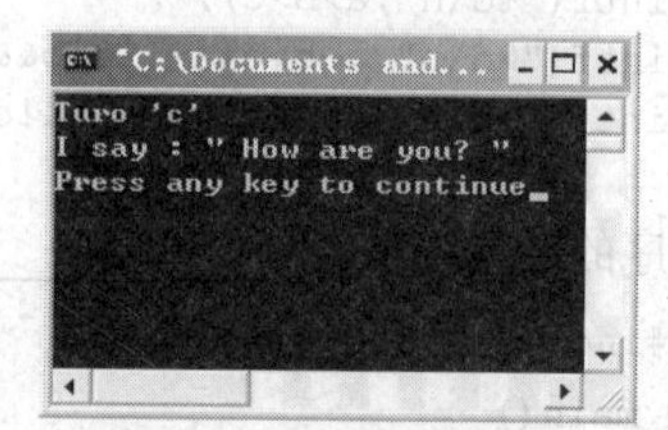

图 2-2 程序运行结果

（3）该程序的功能是输入一个 double 类型的数，使该数以四舍五入的方式保留两位小数，然后输出该数。

```
#include <stdio.h>
void main()
{ double x;
  printf("请输入一个实数：");
  scanf("%lf",&x);
  printf("x 的值为：%f\n",x);
  x=__________;                                //x 的值乘 100
  x=__________;                                //x 的值加 0.5
  x=__________;                                //x 强制转换为整型数据
  x=__________;                                //x 除以 100
  printf("x 保留两位小数为：%f\n",x);
}
```

2.5 目标程序

编程计算定期存款本利之和。程序运行结果如图 2-3 所示。

图 2-3　程序运行结果

```
#include <stdio.h>
void main()
{                          /*定义程序中出现变量，注意使用合适的数据类型*/
                           /*利用输出语句提示用户输入年利率 rate、存款期 n 和存款本金 capital*/
                           /*输入存款的年利率 rate、存款期 n 和存款本金 capital*/
                           /*计算定期存款本利之和*/
                           /* 输出定期存款本利之和*/
}
```

2.6　编程提高

1. 通过输入 a、b、c 的值，确定 y 的值，已知 $y=a-\dfrac{ab}{c+d}$。

2. 已知圆锥的底面半径 r 和高 h，求圆锥的体积 V。

2.7　问题讨论

1. 表达式计算中遇到不同类型的计算对象时，会进行自动类型转换。请问：转换的基本原则是什么？试分析表达式 2L+3*4.5 的计算过程中所进行的隐式类型转换。

转换原则如图 2-4 所示。2L+3*4.5 的类型转换：（1）3*4.5：，4.5 转换为 double 类型，3 也转换为 double 类型，计算结果 13.5 为 double 类型；（2）2L+13.5：2L 转换为 double 类型，计算结果 15.5 为 double 类型。

2. 条件运算符如何执行？

条件运算表达式：表达式 1？表达式 2：表达式 3.

其执行过程为：求表达式 1 的值，若值为真，则求解表达式 2 的值，且整个条件表达式的值等于表达式 2 的值；若值为假，则求解表达式 3 的值，且整个条件表达式的值等于表达式 3 的值。

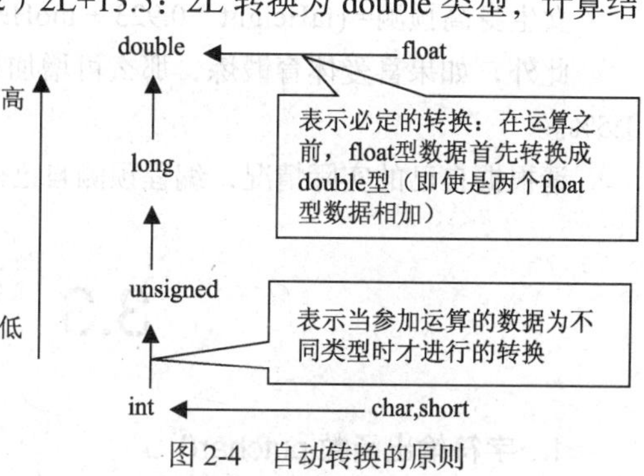

图 2-4　自动转换的原则

实验3 数据输入与输出
——预测身高和体重

3.1 目的和要求

（1）掌握输入、输出函数的调用格式；

（2）掌握 scanf()函数和 printf()函数的控制参数；

（3）掌握 getchar()函数和 putchar()函数的使用。

3.2 应用实例

通过以下实验对知识点的讲解和练习，独立完成应用实例。

预测一下你的身高和体重吧。

有关生理卫生知识与数理统计分析表明，影响小孩成人后身高的因素有遗传、饮食习惯与坚持体育锻炼等。设 faHeight 为其父身高，moHeight 为其母身高，身高预测公式为：

男生身高预测 = (faHeight + moHeight) * 0.54(cm)

女生身高预测= (faHeight * 0.923 + moHeight) / 2(cm)

此外，如果喜爱体育锻炼，那么可增加身高 2%；如果有良好的饮食习惯，那么可增加身高 1.5%。

请根据自己的实际情况，编程预测自己的身高。

3.3 知识回顾

1. 字符输出函数 putchar()

（1）putchar()函数的功能是将一个字符输出到显示器上显示。

（2）其一般调用形式为：putchar(c);

其中，c 可以是一个字符型数据（普通字符或转义字符）、整型数据（0~255）、字符型变量或整型变量。

2. 字符输入函数 getchar()

（1）getchar()函数的功能是从标准输入设备（通常是键盘）上输入一个字符。

（2）其一般调用形式为：变量=getchar();

3. 按格式输出函数：printf()

（1）printf()函数的功能是按用户指定的格式，把指定的数据输出到显示器屏幕上。

（2）其一般调用形式为：printf("格式控制字符串",输出表列);

其中，格式控制字符串用于指定输出格式，由格式字符串（以%开头）、普通字符串和转义字符（以“\”开头）三部分组成。如:printf("%d,%f\n",a,b);

格式字符串和各输出项在数量和类型上应该一一对应。

（3）常用的格式控制字符如表 3-1 所示。

表 3-1　　常用格式控制字符

d	十进制整数	int a=567;printf (“%d”,a);	567
x,X	十六进制无符号整数	int a=255;printf(“%x”,a);	ff
o	八进制无符号整数	int a=65;printf(“%o”,a);	101
u	不带符号十进制整数	int a=567;printf(“%u”,a);	567
c	单一字符	char a=65;printf(“%c”,a);	A
s	字符串	printf(“%s”, “ABC”);	ABC
e,E	指数形式浮点小数	float a=567.789;printf(“%e”,a);	5.677890e+02
f	小数形式浮点小数	float a=567.789;printf(“%f”,a);	567.789000
g,G	e 和 f 中较短的一种	float a=567.789;printf(“%g”,a);	567.789
%%	百分号本身	printf(“%%”);	%

（4）附加格式控制符如表 3-2 所示。

表 3-2　　附加格式控制符

修 饰 符	功　　能
m	输出数据域宽，数据长度<m，左补空格；否则按实际输出
.n	对实数，指定小数点后位数（四舍五入）； 对字符串，指定实际输出位数
-	输出数据在域内左对齐（缺省右对齐）
+	指定在有符号数的正数前显示正号（+）
0	输出数值时指定左面不使用的空位置自动填 0
#	在八进制和十六进制数前显示前导 0，0x
l	在 d,o,x,u 前，指定输出精度为 long 型 在 e,f,g 前，指定输出精度为 double 型

如：

```
#include <stdio.h>
```

```
void main()
{int a=123; float d=12.563;
 printf("\n%4d, %2d\n",a,a);          //输出：（空格）123, ,123
 printf("%4.2f,%6.2f",d,d);           //输出：12.56, （空格）（空格）12.56
}
```

4. 按格式输入函数 ：scanf()

（1）scanf()函数功能：按用户指定的格式从键盘上把数据输入到指定的变量之中。

（2）格式：scanf（“格式控制字符串”，地址表列）;

如：int a;

```
float b;
double c;
scanf ("%d,%f,%lf",&a,&b,&c);
```

注意

在 scanf 函数中给 double 类型的变量输入数据时，应该使用%lf 格式控制字符；而输出时，对应的格式控制字符可以是%lf，也可以用%f。

（3）若“格式控制”字符串中只有格式说明而无其他普通字符，则输入数据时，两个数据之间以一个或多个空格间隔，也可以用回车、跳格键 Tab，不能用逗号作为两个数之间的间隔。如：scanf("%d%d%d",&a,&b,&c)，如果希望将数据 1.2.3 赋给变量 a,b,c，则可以从键盘上输入 1（空格）2 （空格）3。

（4）若“格式控制”字符串中除了格式说明还有其他普通字符，则在输入时应输入与这些字符相同的字符。如：scanf("%d，%d，%d",&a,&b,&c)，如果希望将数据 1.2.3 赋给变量 a,b,c，则必须从键盘上输入 1，2 ，3。

3.4 实验内容

3.4.1 知识点练习

1. 如何用 scanf 输入多个字符

```
#include <stdio.h>
void main()
{ char c1,c2,c3;
  printf("Input three characters:\n");
  scanf("%c",&c1);
  scanf("%c",&c2);
  scanf("%c",&c3);
  printf("c1=%c\tASCII=%d\n",c1,c1);
  printf("c2=%c\tASCII=%d\n",c2,c2);
  printf("c3=%c\tASCII=%d\n",c3,c3);
}
```

运行程序，输入 a b c↙（↙表示回车），观察运行结果；

运行程序，输入 a↙b↙c↙，观察运行结果；

运行程序，输入 abc↙，观察运行结果。

三次运行的结果为什么不同？应如何正确输入字符？如果在每个 scanf 语句后面加上语句：getchar();，运行程序，输入 a↙b↙c↙，观察运行结果，并分析上述结果。

2. 如何用 scanf 输入多个数值

```
void main()
{ int iNumA,iNumB;
  printf("Input two integers:\n");
  scanf("%d %d",&iNumA,&iNumB);
  printf("iNumA=%d, iNumB=%d\n",iNumA,iNumB);
}
```

若要求输出结果为 iNumA=12，iNumB=26，用户如何输入？

若要求输出结果为 iNumA=12，iNumB=26，用户输入为： 12,26↙，应怎样修改程序？

若用户可以用任意字符作为分隔符进行输入，怎样修改程序？（提示：使用忽略输入控制符*。）

3. double 类型数据的输入和输出

```
void main()
{ double dNumA;
  scanf ("%f",&dNumA);
  printf("dNumA=%f, dNumA=%lf \n",dNumA, dNumA);
}
```

- 程序的运行结果正确吗？如何修改？

4. 检查和处理输入错误

```
void main()
{ int iNumA,iNumB;
  printf("Input an integer:\n");
  scanf("%d",&iNumA);
  printf("Input an integer:\n");
  scanf("%d",&iNumB);
  printf("iNumA=%d, iNumB=%d\n",iNumA,iNumB);
}
```

运行程序，输入 1.2↙，观察程序运行结果；

运行程序，输入 q↙，观察程序运行结果。

- 程序运行结果和你的判断相同吗？若不同，试分析原因。从上面实验可以看出：当输入数据类型与格式控制字符不符，或存在非法字符时，会导致不能正确读入数据。

5. printf 函数的使用

下面函数的功能是计算表达式的值，观察程序运行结果。

```
void main()
{ int iNumA;
  float fNumB;
  printf("1: %d\n",1065/(24*13));
  printf("2: %f\n ", fNumB =1065/(24*13));
  printf("3: %f\n ",1065/(24*13));
  printf("4: %f\n ",23.582/(7.96/3.67));
  printf("5: %d\n ", iNumA =23.582/(7.96/3.67));
  printf("6: %d\n ",23.582/(7.96/3.67));
}
```

- 比较第 1、2、3 条输出语句的输出结果有何不同，为什么？

● 比较第 4、5、6 条输出语句的输出结果有何不同，为什么？

6. printf 输出格式探究

请按如图 3-1 所示格式，输出数据。（注：格式串中不能使用空格。）

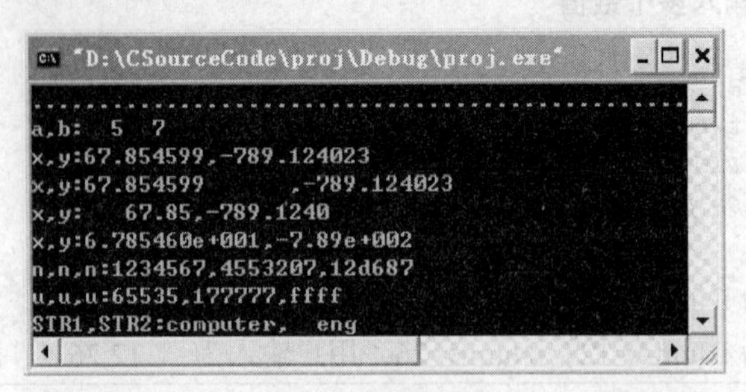

图 3-1　输出结果

```
#define STR1 "computer"
#define STR2 "english"
void main()
{ int a=5,b=7; float x=67.8546f,y=-789.124f;
  long n=1234567;
  unsigned u=65535;
  printf("..........................................\n");
                                  //便于确定字段宽度 printf("a,b:%3d%3d",a,b);
  printf("                  ",x,y);
  printf("                  ",x,y);
  printf("                  ",x,y);
  printf("                  ",x,y);
  printf("                  ",n,n,n); //输出 n 的十进制、八进制和十六进制值
  printf("                  ",u,u,u); //输出 u 的十进制、八进制和十六进制值
  printf("STR1,STR2:%s, \n", STR1,STR2);
}
```

3.4.2　阅读程序

（1）
```
#include <stdio.h>
void main()
{ int iNum;
  char cOne,cTwo,cThree;
  printf("Input an integer number(100<number<1000): ");
  scanf("%d",&iNum);
  cOne=iNum%10+48;
  cTwo=(iNum%100)/10+48;
  cThree=iNum/100+48;
  printf("\nThe result are:%c\t%c\t%c\n",cOne,cTwo,cThree);
}
```

程序的输出结果：________________

根据输出结果分析上段程序的功能：________________

（2）
```
#include <stdio.h>
void main()
{ int a,b;
  float x,y; char c1,c2;
  scanf("a=%d,b=%d ",&a,&b);
```

```
  scanf("%f %e ",&x,&y);
  scanf("%c%c ",&c1,&c2);
  printf("a=%d,b=%d,x=%f,y=%f,c1=%c,c2=%c",a,b,x,y,c1,c2);
}
```

运行时在键盘上如何输入，才能实现 a=3, b=4, x=8.5, y=71.82, c1='A', c2='a' ？

（3）

```
#include <stdio.h>
void main ()
{ int a,b;
  float c;
  scanf("%2d%3d%f",&a,&b,&c);
  printf("a=%d,b=%d,c=%f\n",a,b,c);
}
```

如果输入 1156012.5，程序的输出结果：____________________

（4）

```
#include <stdio.h>
void main ()
{ char c1,c2,c3;
  scanf("%2c%2c%2c",&c1,&c2,&c3);
  printf("\nc1=%c,c2=%c,c3=%c",c1,c2,c3);
}
```

程序的输出结果：____________________

（5）

```
#include <stdio.h>
void main ()
{ int a,b;
  char c;
  scanf("%d%d%c",&a,&b,&c);
  printf("a=%d,b=%d,c=%c\n",a,b,c);
}
```

- 运行时在键盘上如何输入，才能实现 a=54,b=890,c='a'?

如果将输入语句改成 scanf("%d%c%d",&a,&c,&b);，如何输入数据？

（6）

```
#include <stdio.h>
void main ()
{ char c1,c2,c3;
  c1=getchar();
  c2=getchar();
  c3=getchar();
  putchar(c1);
  putchar(c2);
  putchar(c3);
  putchar('\n');
}
```

在键盘上输入 abcdefg，程序的输出结果：____________________

在键盘上输入 a b c，程序的输出结果：____________________

（7）

```
#include  <stdio.h>
void main()
{ char  a, b;
  int    c;
  float d;
  scanf("%c%c%d%f", &a, &b, &c, &f);
  printf("%-2c%-2c%d%7.2f\n", a, b, c,d);
}
```

在键盘上输入 ab50 45.6，程序的输出结果：____________

3.4.3 程序填空

（1）当输入流为 abcdefghigklmnop，程序的运行结果为 c1=a,c2,c,c3=k,c4=m,c5=o 时，下列程序应当如何完善？

```
#include  <stdio.h>
void main()
{char  c1,c2,c3,c4,c5;
 scanf("________________", &c1, &c2, &c3);
 printf("c1=%c,c2=%c,c3=%c\n", c1, c2, c3);
 scanf("________________", &c4, &c5);
 printf("c4=%c,c5=%c \n", c4, c5);
}
```

（2）下列程序的功能是对实数 a 与 b 进行加、减、乘、除计算。

```
#include<stdio.h>
void main()
{ float a,b;
  printf("输入参与计算的两个数：");
  scanf (____________________);                  //输入输数据 4, 5
  printf("两个数相加：________________);          //输出：两个数相加：4+5=9
  printf("两个数相减：________________);          //输出：两个数相减：4-5=-1
  printf("两个数相乘：________________);          //输出：两个数相乘：4*5=20
  printf("两个数相除：________________);          //输出：两个数相除：4/5=0.8
}
```

（3）下列程序的功能是输入一个小写字母，将其转换成对应的大写字母。若输入的不是小写字母，则提示“Input error!”。

```
#include<stdio.h>
void main()
{ char ch;
  puts("please intput a character: ");
  ch=____________;
  ________________?putchar(__________):printf("Input error! ");
}
```

提示　小写字母与大写字母的 ASCII 码值有以下关系：大写字母的 ASCII 码=小写字母的 ASCII 码−32；判断字符是否是小写字母，可以使用表达式：ch>='a'&&ch<='z'。

（4）下列程序的功能是交换两个变量中的值。

```
#include<stdio.h>
void main()
{ int a,b,t;
  scanf(______________________);               //输入变量 a、b 的值
  printf("a=%d,b=%d\n",a,b);
  t=x;
  ________________;
  y=t;
  printf("a=%d,b=%d\n",a,b);
}
```

3.5　目标程序

编程预测一下你的身高和体重吧。

```
#include<stdio.h>
void main()
{                    //定义程序中出现的变量：父亲的身高、母亲的身高
                     //通过输入语句，给变量赋值
                     /*根据性别选择身高预测公式，并对身高预测公式进行改写：如果喜爱体育锻炼，那
                       么身高预测公式*(1+0.02)；如果有良好的饮食习惯，那么身高预测公式*
                       (1+0.015)*/
                     //输出预测身高
}
```

3.6　编程提高

1. 编写程序，通过输入两个加数，给小学生出一道加法运算题，并输出正确的答案。程序处理流程如下：（1）提示输入两个加数：加数 1 和加数 2；（2）接收两个加数；（3）以“加数 1 + 加数 2 =”的形式显示加法题；（4）输出正确的答案。

2. 编写程序，要求输入商品的原价（cost）和折扣率（rate），计算并输出商品实际销售的价格。程序的输入输出格式如下：

```
Please input cost and rate:120,0.85
The price is:102.00元
```

3. 从键盘上输入学生的姓名、年龄、性别、成绩，并在屏幕上显示。要求程序的输入输出形式如下：

```
Please input name、age、sex、score:
张明 19 男 89.5
Name    age    sex    score
张明     19     男     89.5
```

3.7　问题讨论

1. printf 的参数列表的计算顺序是什么？

printf 的参数列表的计算顺序是从右向左。

2. 如有语句 scanf("%d%d%d")，则在输入数据之间应如何分隔？

输入数据之间可以用空格、回车、Tab 键间隔。

3. 实型数据在输入时能否指定精度？

实型数据在输入时不能指定精度。

实验4

分支结构程序设计（1）
——制作简单计算器

4.1 目的和要求

（1）掌握关系表达式和逻辑表达式的使用；
（2）熟练使用 if 语句、if…else 语句进行分支结构程序的设计；
（3）熟练使用 if…else 语句的嵌套；
（4）掌握算法描述方法；
（5）养成良好的程序书写习惯。

4.2 应用实例

通过以下实验对知识点的讲解和练习，独立完成应用实例。

制作简单计算器：用户从键盘输入需要计算的表达式，如 3+2，程序按照指定的算术运算符（加+、减-、乘*、除/）计算并显示结果；如果两数相除，除数为 0，则提示用户；如果输入其他运算符，则提示用户当前无法计算。

4.3 知识回顾

1. if 语句的 3 种基本形式及执行过程

（1）一条分支上有语句：

```
if（表达式）语句;
```

如：`if（x>y）printf("%d",x);`

该形式对应的流程图如图 4-1 所示。

if 语句的执行过程：首先判断 if 后一对圆括号中的表达式是否成立，如果成立，则执行其后的语句；如果表达式不成立，则执行 if 语句后的下一条语句。

（2）两条分支上有语句：

```
if (表达式1) 语句1;
else 语句2;
```

如：

```
if(x>y)printf("%d",x);
   else  printf("%d",y);
```

该形式对应的流程图如图4-2所示。

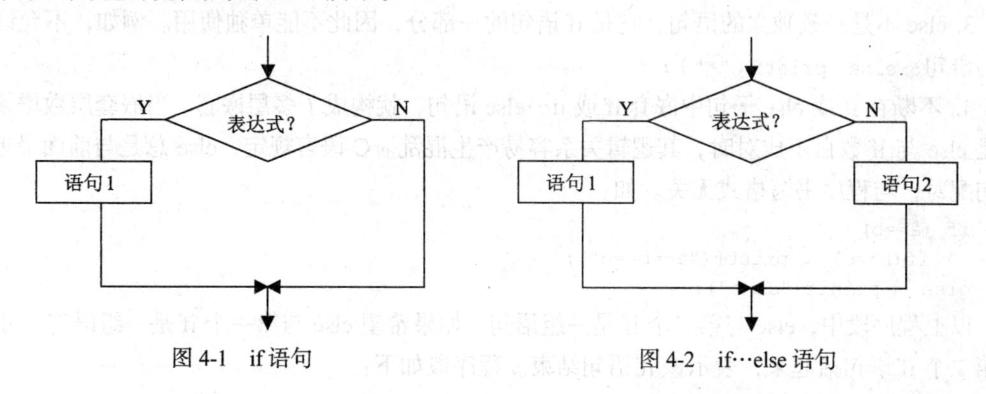

图4-1　if语句　　图4-2　if…else语句

if…else语句的执行过程：首先判断if后一对圆括号中的表达式是否成立，如果成立，则执行其后的语句；如果表达式不成立，则执行else后语句。执行完毕后，继续执行if语句后的下一条语句。

（3）多条分支上有语句：

```
if (表达式1) 语句1;
  else if (表达式2) 语句2;
   else if (表达式3) 语句3;
     else if (表达式m) 语句m;
       else 语句n;
```

如：

```
if(number>500)  cost=0.15;
     else if (number>300) cost=0.10;
      else if (number>100) cost=0.75;
        else if (number>50) cost=0.05;
          else   cost=0.10;
```

该形式对应的流程图如图4-3所示。

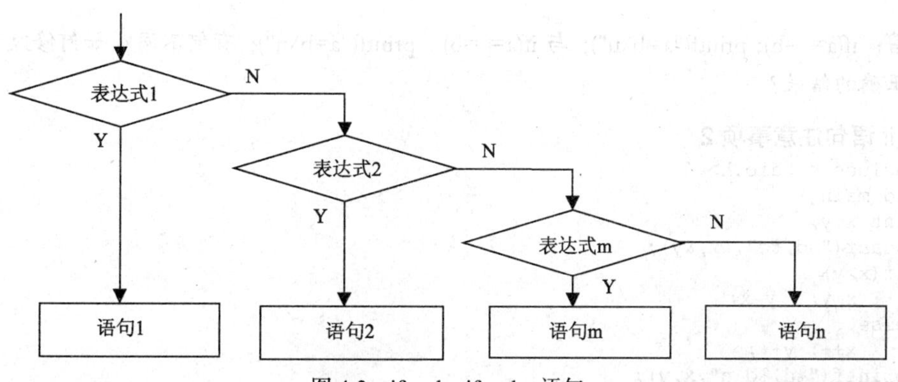

图4-3　if…else if…else语句

if…else if…else语句的执行过程：首先判断if后一对圆括号中的表达式是否成立，如果成立，则执行其后的语句；如果表达式不成立，则判断下一个 else if 中圆括号里的条件，如果条件成立，则执行其后的语句，如果条件不成立，则继续判断下一个 else if 中圆括号里的条件……如果 else if 中的条件均不成立，则执行最后的 else 语句。执行完毕后，继续执行 if 语句后的下一条语句。

2. if 或者 else 后要执行的语句如果有多条，应用{ }括起来。如：

```
if(x>y)  { printf("%f",x);  x++;}
else      { printf("%f",y);  y++;}
```

3. else 不是一条独立的语句，它是 if 语句的一部分，因此不能单独使用。例如，不允许有这样的语句：`else printf("*");`

4. 不断在 if 或 else 子句中嵌套 if 或 if…else 语句，就构成了多层嵌套。当嵌套层数增多，特别是 else 与 if 数目不成对时，其逻辑关系容易产生混乱。C 语言规定，else 总是与前面最近的 if 语句配对，与程序书写格式无关。如：

```
if (a==b)
   if(b==c)    printf("a==b==c");
else    printf("a!=b");
```

以上程序段中，else 与第二个 if 是一组语句。如果希望 else 与第一个 if 是一组语句，可用{ }将第二个 if 语句括起来，表示该 if 语句结束。程序段如下：

```
if (a==b)
   { if(b==c)    printf("a==b==c");}
else    printf("a!=b");
```

4.4 实验内容

4.4.1 知识点练习

1. if 语句注意事项 1

运行以下程序，观察程序运行结果，并对输出结果进行解释。

```
#include <stdio.h>
void main()
{ int a=1,b=2;
  if(a= =b);  printf("a=b\n");
}
```

回答：if(a= =b); printf("a=b\n"); 与 if(a= =b) printf("a=b\n"); 有何不同？如何修改程序，使之输出正确的结果？

2. if 语句注意事项 2

```
#include <stdio.h>
void main()
{ int x,y;
  scanf("%d,%d",&x,&y);
  if(x>y)
     x=y;   y=x;
  else
     x++; y++;
  printf("%d,%d\n",x,y);
}
```

回答：编译时为何出错？如何修改？

3. if 语句注意事项 3

```
#include <stdio.h>
void main()
{ int a,b,c;
  scanf("%d,%d,%d",&a,&b,&c);
  if (a==b)
    if(b==c)
      printf("a==b==c");
  else
    printf("a!=b");
}
```

回答：else 与哪个 if 是一组语句？当输入 1，2，3 时，程序的结果如何？如果希望输出"a!=b"，程序如何修改？

```
#include <stdio.h>
void main()
{ int a=2,b=-1,c=2;
  if(a<b)
    if(b<0)   c=0;
  else  c+=1;
  printf("%d",c);
}
```

回答：程序执行的是哪条分支上的语句？else 与哪个 if 是一组语句？

4. if 语句注意事项 4

```
#include <stdio.h>
void main()
{ int a=1,b=2;
  if(a=b) printf("a=b");
  else printf(a!=b);
}
```

回答：if 语句中的条件表达式"a=b"是何意思？与"a==b"有何不同？

4.4.2　阅读程序

（1）
```
#include "stdio.h"
void main()
{ int number;
  printf("number=");
  scanf("%d",&number);
  if (number%10==0)  printf("%d是10的倍数。",number);
}
```

当输入 300 时，程序的运行结果：________________

当输入 27 时，程序的运行结果：________________

（2）
```
#include "stdio.h"
void main()
{ int number;
  printf("number=");
  scanf("%d",&number);
```

```
  if (number%10==0)      printf("%d是10的倍数。",number);
  else  printf("%d不是10的倍数。",number);
}
```

当输入 300 时，程序的运行结果：__________

当输入 27 时，程序的运行结果：__________

（3）

```
#include "stdio.h"
void main()
{ int number;
  printf("number=");
  scanf("%d",&number);
  if (number>0)   printf("%d为正数。",number);
  else  if (number==0)    printf("%d为零。",number);
  else  printf("%d为负数。",number);
}
```

当分别输入-10、0、10 时，程序的运行结果：__________

（4）

```
#include "stdio.h"
void main()
{ int a,b,c,t;
  printf("输入a、b、c的值：");
  scanf("%d %d %d",&a,&b,&c);
  if(a>b)  {t=a;a=b;b=t;}                    //如果a>b，则交换a、b的值
  if(a>c)  {t=a;a=c;c=t;}                    //如果a>c，则交换a、c的值
  if(b>c)  {t=b;b=c;c=t;}                    //如果b>c，则交换b、c的值
  printf("\n%d,%d,%d\n",a,b,c);
}
```

该程序的功能：__________

（5）

```
#include "stdio.h"
void main()
{ int a=100,x=10,y=20,k1=5,k2=0;
  if (x<y)
    if(y!=10)
      if(!k1)
        a=1;
      else
        if(k2)  a=10;
        else  a=-1;
  printf("a=%d",a);
}
```

该程序的输出结果：__________

如果 k1=0，输出结果：__________

如果 k2=1，输出结果：__________

4.4.3 程序填空

（1）下面程序的功能是：输入一个百分制成绩，输出用 A、B、C、D、E 表示的成绩等级。已知 90 分以上为 A 等；80 至 89 分为 B 等；70 至 79 分为 C 等；60 至 69 分为 D 等；60 分以下为 E 等。在横线处填写正确的语句或表达式，使程序完整。

```
#include <stdio.h>
```

```
void main()
{ float grade;                              // 该变量表示学生的成绩
  printf ("输入成绩(0--100): ");
  scanf("%f",&grade);
  if (________________)  printf("等级为A");
  else  if (____________)  printf("等级为B");
  else  if (____________)  printf("等级为C");
  else  if (____________)  printf("等级为D");
  else  printf("等级为E");
}
```

（2）将上一题改写成 if 语句，要求运行结果相同。

```
#include "stdio.h"
void main()
{ int grade;                                // 该变量表示学生的成绩
  printf ("输入成绩: ");
  scanf("%d",&grade);
  if (____________________)  printf("等级为A");
  if (____________________)  printf("等级为B");
  if (____________________)  printf("等级为C");
  if (____________________)  printf("等级为D");
  if (____________________)  printf("等级为E");
}
```

注意　对比（1）、（2）题中 if 语句的条件写法有何不同，仔细体会 if…else 语句中 else 的含义。

回答：能否将（2）中的最后一行 if 语句改成：else　printf("等级为 E");?为什么？

（3）下面程序的功能是：输入年、月，输出该月有多少天。请在横线处填写正确的表达式或语句，使程序完整。

```
#include "stdio.h"
void main()
{ int y,m,days;
  printf ("输入年份、月份: ");
  scanf ("%d %d",&y,&m);
  if (______________________)  days=31;
    // 每年1、3、5、7、8、10、12月都有31天
  else   if (m==4||m==6||m==9||m==11)   __________;
    // 每年4、6、9、11月都有30天
  else
  //2月要考虑平年闰年才能确定天数
{ if(____________);  days=29;
  else  days=28;
}
  printf("____________",y,m,days);
}
```

该程序的运行结果如图 4-4、图 4-5 所示。

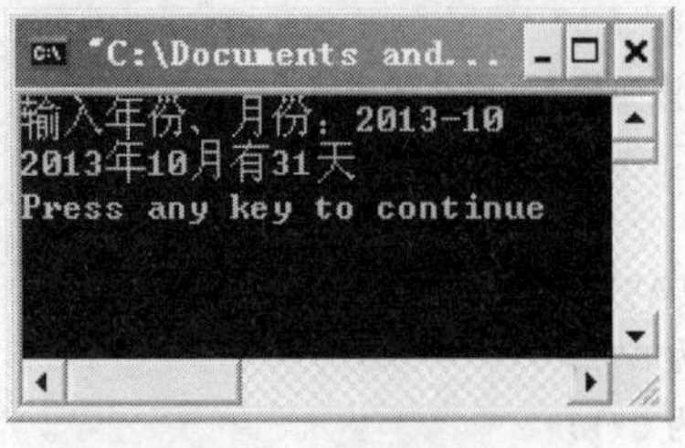

图 4-4　输出结果 1

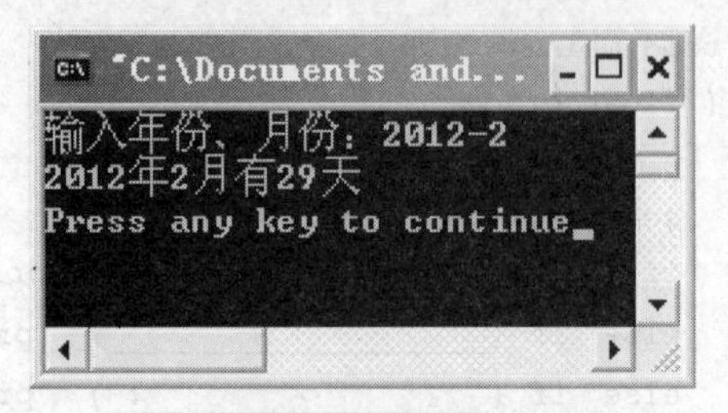

图 4-5　输出结果 2

（4）下面程序的功能是求一个数的位数：由键盘输入一个不多于 5 位的正整数，要求输出它是几位数。

```
#include "stdio.h"
void main()
{ int n,place;
  printf("输入一个不多于5位的正整数:");
  scanf("%d",&n);
  if(____________________) place=5;    /* 根据用户输入数据的范围确定位数，如5位数的数据范围为">9999"*/
  else if(________________)  place=4;
  else if(________________)  place=3;
  else if(________________)  place=2;
  else  place=1;
  printf("这是一个%d位数\n",place);
}
```

4.5　目标程序

编程制作简单计算器。程序的运行结果如图 4-6 所示。

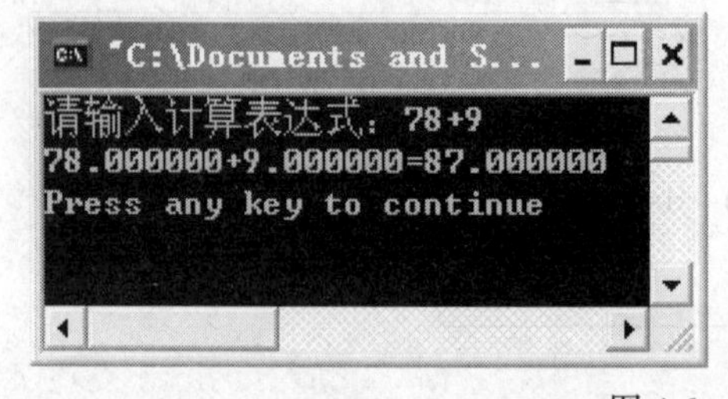

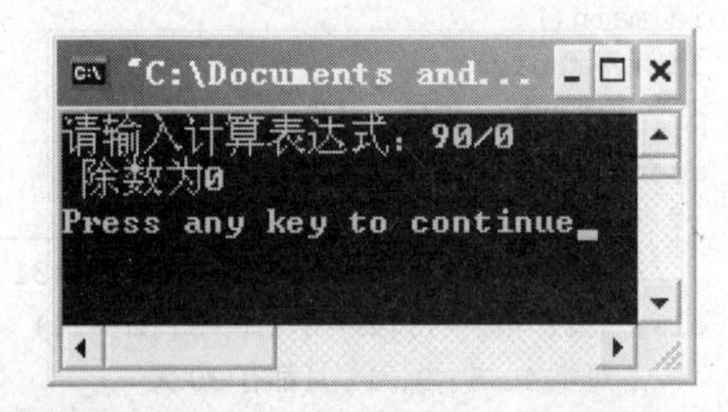

图 4-6　输出结果

```
#include "stdio.h"
void main()
{                     /*定义程序中出现变量：参与计算的两个数及运算符。注意使用合适的数据类型*/
                      /*提示用户输入计算表达式*/
                      /*用户输入计算表达式*/
                      /*使用 if…else if…else 判断运算符，并输出相应的计算结果*/

}
```

4.6 编程提高

1. 有一函数

$$y=\begin{cases} x & (x<1) \\ 2x-1 & (1<=x<10) \\ 3x-11 & (x>=10) \end{cases}$$

写一程序，输入 x，输出 y 的值。

2. 编一程序，输入一个整数，输出该数是奇数还是偶数。

3. 编一程序，要求实现下面的功能：

输入一个实数后，屏幕上显示如下菜单：

1. 输出相反数
2. 输出平方数
3. 输出平方根

若按 1 键，则输出该数的相反数；若按 2 键，则输出该数的平方数；若按 3 键，则输出该数的平方根。按 1~3 之外的其他键时，显示“输入出错”。

4.7 问题讨论

1. “=”和“==”的区别是什么？

“=”是赋值运算符，“==”是关系运算符表示比较两数是否相等。

2. if 之后的条件能不能是一个常量，如 if(5)，这样写表示什么意思？

if 后的条件可以是一个常量，该常量如果是个非零值，如 if(5)，则表示条件成立，否则表示条件不成立。

实验5 分支结构程序设计（2）——制作自动售货机

5.1 目的和要求

（1）掌握关系表达式和逻辑表达式的使用；

（2）熟练使用 switch 语句；

（3）熟练使用 switch 语句的嵌套。

5.2 应用实例

通过以下实验对知识点的讲解和练习，独立完成应用实例。

编写一个自动售货机的程序。该程序应具有二级菜单：一级菜单是商品类的选择，二级菜单是具体商品的选择。顾客首先选择商品类，然后选择具体的商品，输入购买数量，自动售货机根据选择的商品及数量，计算并显示顾客应付的总金额。

5.3 知识回顾

1. switch 语句

switch 语句是多分支选择语句，也叫开关语句。其格式如下：

```
switch(表达式)
{ case 常量表达式 1：语句组 1；
  case 常量表达式 2：语句组 2；
  …
  case 常量表达式 n：语句组 n；
  default：语句组 n+1；
}
```

执行过程：用 switch 后的表达式与 case 后的常量表达式比较，与哪个 case 后的常量表达式相等，则从哪个 case 语句开始执行。

注意事项：

（1）break 语句的使用："case 常量表达式"只相当于一个语句标号，switch 后的表达式的值和某 case 后的常量表达式相等，则执行该 case 后的语句组，但不能在执行完该语句后自动跳出整个 switch 语句，而是继续执行所有后面的 case 语句。为了避免上述情况，C 语言提供了 break 语句，用于跳出 switch 语句。

（2）switch 语句中的 case 和 default 出现次序是任意的，即 default 可位于 case 之前，且 case 的次序也不要求按常量表达式值的大小顺序排列。

（3）switch 后面的"表达式"可以是整型表达式、字符型表达式或枚举类型的数据。

（4）每个 case 的常量表达式的值不能相同，否则会出现错误。

（5）在 case 后允许有多个语句，可以不用{}括起来。

2. break 语句

break 语句可以用在 switch 结构中，用于跳出 switch 结构。其使用格式为：break。

5.4　实验内容

5.4.1　知识点练习

1. break 语句的使用

```
#include "stdio.h"
void main()
{ int n;
  scanf("%d",&n);
  switch(n)
     { case 1: puts("*");
       case 2: puts("**");
       case 3: puts("***");
       default:puts("?");
     }
}
```

回答：当分别输入 1、2、3、4 时，程序的运行结果是什么？如果希望程序出现这样的结果：

当输入 1 时，输出：*

当输入 2 时，输出：**

当输入 3 时，输出：***

当输入其他数时，输出：?

则程序应该如何修改?

2. 多组 case 共用一组执行语句

```
#include "stdio.h"
void main()
{ int n=0,m=0,x;
  printf("请输入一个小于 5 的整数");
  scanf("%d",&x);
```

```
    switch(x)
     {  case 0:
        case 1:  n++; break;
        case 2:
        case 3:  m++; break;
        default:  n++;m++;
     }
    printf("%d,%d",n,m);
  }
```

5.4.2 阅读程序

（1）#include "stdio.h"

```
void main()
{ int x=1,y=0;
  switch(x)
  {case 1:
   switch(y)
     { case 0:printf("x=1 y=0\n");break;
       case 1:printf("y=1\n");break;
     }
  case 2:printf("x=2\n");
  }
```

该程序的运行结果：____________

（2）#include "stdio.h"

```
void main()
{ int a;
  printf("intput integer number:");
  scanf("%d",&a);
  switch (a)
  { case  1:  printf("Monday\n"); break;
    case  2:  printf("Tuesday\n"); break;
    case  3:  printf("Wednesday\n"); break;
    case  4:  printf("Thursday\n"); break;
    case  5:  printf("Friday\n"); break;
    case  6:  printf("Saturday\n"); break;
    case  7:  printf ("Sunday\n"); break;
    default:  printf("error\n");
  }
}
```

当输入 1 时，该程序的运行结果：____________

5.4.3 程序填空

（1）将实验 4 中程序填空第（1）题改写成 switch 语句的结构。

```
#include "stdio.h"
void main()
   { int grade;              // 该变量表示学生的成绩
     printf ("输入成绩：");
     scanf("%d",&grade);
     grade=grade/10;         /*grade/10 的目的是减少 case 语句的个数，使程序具有可行
     switch (__________)       性，也是该题的关键*/
      { case 10:
```

```
        case  9: printf(___________ );break;
        case  8: printf("等绩为B"); ________;
        case  7: ________________; ________;
        case  6: ________________; ________;
        default: ________________;
    }
}
```

当输入负数或者大于 100 的数时，程序的输出结果是什么？如果此时希望输出“数据错误”，程序应该如何修改？

（2）该程序的功能是模拟简单计算器，进行两个数的加、减、乘、除四则运算。如：输入 2+3，则输出 2+3=5；输入 2*3，则输出 2*3=6；输入 2/0，则提示除数不能为 0。将程序补充完整。

```
#include "stdio.h"
void main()
{  float x,y;                              // x、y 为参与计算的两个数
   char op;                                // op 为运算符
   printf ("输入运算表达式：");
   scanf ("%f%c%f", &x,&op,&y);            //如输入：2+3
   switch (op);                            // 用 switch 语句，通过判断运算符进行相应的计算
                // 匹配加法运算：如果 op 为“+”，则输出 2+3=5
   {   case _____: printf(________________________________);break;
                // 匹配减法运算：如果 op 为“-”，则输出 2-3= -1
       case _____: printf(________________________________);break;
                // 匹配乘法运算：如果 op 为“*”，则输出 2*3=6
       case _____: printf(________________________________);break;
                // 匹配除法运算：如果 op 为“/”，则输出 2/3=0.67
       case _____:   // 在除法中要考虑到除数不能为 0
            if (y!=0) { printf(___________________________);break; }
            else    {printf("除数为 0！");  break;}
       default: printf ("输入表达式有误！\n");
   }
}
```

5.5　目标程序

编写一个自动售货机的程序。该程序的输出结果如图 5-1、图 5-2 和图 5-3 所示。

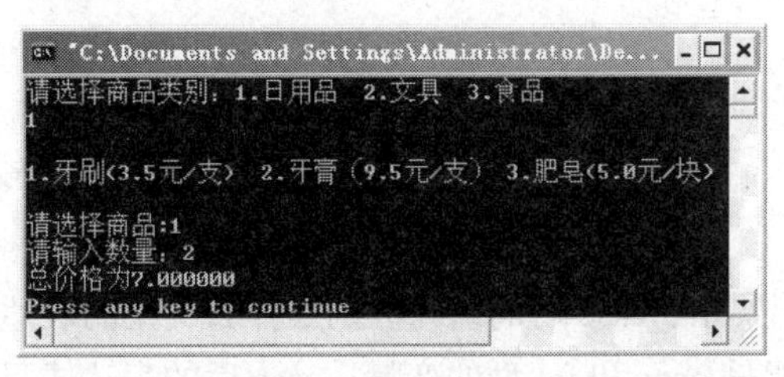

图 5-1　输出结果 1

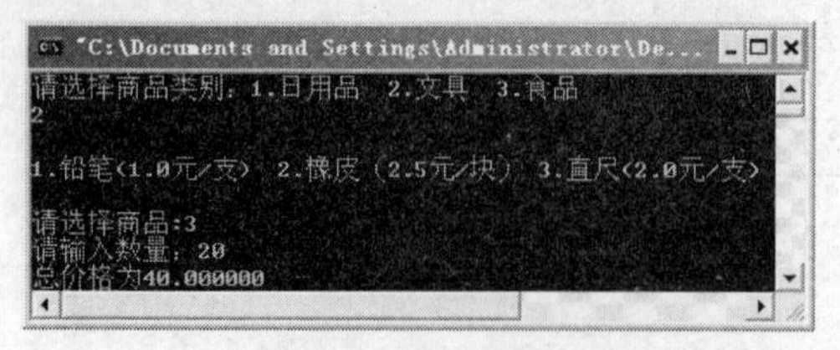

图 5-2 输出结果 2

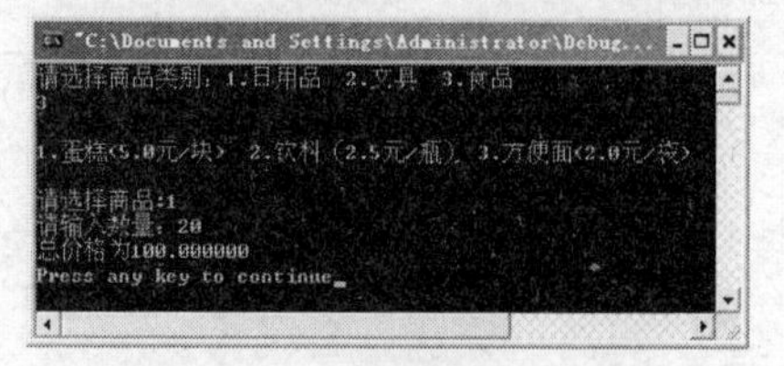

图 5-3 输出结果 3

```
#include "stdio.h"
void main()
{



}
```

提示

程序可选择 switch 语句的嵌套。第一层 switch 语句用于一级菜单，即判断顾客所选商品的类别；第二层 switch 语句用于二级菜单，即判断顾客所买具体的商品，并计算总价。

5.6 编程提高

1. 已知银行整存整取不同期限存款的利息分别是：

$$
年利率=\begin{cases} 2.25\% & 期限1年 \\ 2.43\% & 期限2年 \\ 2.70\% & 期限3年 \\ 2.88\% & 期限5年 \\ 3.00\% & 期限8年 \end{cases}
$$

要求输入存钱的本金和期限，求到期时能从银行得到的利息与本金的合计。

2. 有一函数，其函数关系如下，试编程求对应于每一自变量的函数值。

$$
y=\begin{cases} x^2 & (x<0) \\ -0.5x+10 & (0\leqslant x<10) \\ x-\sqrt{x} & (x\geqslant 10) \end{cases}
$$

5.7 问题讨论

1. switch 之后的条件语句与 case 后的语句分别是什么类型的表达式？

switch 后的表达式只能是 char 和 int 型的变量，case 后的表达式只能是 char 和 int 型的常量。

2. 与 if 语句相比，switch 语句更适合写什么类型的程序？

switch 语句适合写判断条件是一个常量而非一个用大于号、小于号连接的表达式的程序。

实验 6

循环结构程序设计（while）

——舍罕王的失算

6.1　目的和要求

（1）熟练掌握 while 语句的功能、格式和执行过程；
（2）熟练掌握 do…while 语句的功能、格式和执行过程；
（3）掌握循环的常用算法，以及在实际编程中能够熟练、灵活地运用以解决相关问题；
（4）掌握循环结构的嵌套。

6.2　应用实例

通过以下实验对知识点的讲解和练习，独立完成应用实例。

舍罕王是古印度的国王，据说十分好玩。宰相达依尔为讨好国王，发明了先进的国际象棋献国王。舍罕王非常喜欢这项游戏，于是决定嘉奖达依尔，许诺可以满足达依尔提出的任何要求。达依尔指着舍罕王前面的棋盘提出了要求："陛下，请您按棋盘的格子赏赐我一点麦子吧，第一个小格赏赐我 1 粒麦子，第二个小格赏赐我 2 粒麦子，第三个小格赏赐我 4 粒麦子，以后每个小格都比前一个小格的麦子增加一倍，只要把棋盘上全部 64 个小格按这样的方式得到的麦子都赐给我，我就心满意足了。"舍罕王满口答应了达依尔这个小小的要求。结果，在给达依尔麦子时，舍罕王大惊失色。舍罕王给了达依尔多少粒麦子？

6.3　知识回顾

1. while 语句的格式

```
while(表达式)    {循环体语句;}
```

该语句的执行过程：

（1）判断 while 后的表达式是否成立，如果成立，则执行（2），否则执行（3）。

（2）执行循环体语句，之后执行（1）。

（3）退出 while 循环，执行循环体之后的语句。

2. while 语句的注意事项

（1）如果循环体有多条语句，应使用花括号括起来。如果不加花括号，则 while 语句的范围只到 while 后面第一个分号处。

（2）在 while 语句外，要给循环变量赋初值；在 while 语句中，要有一条使循环趋于结束的语句。

3. do…while 语句的格式

```
do {
    循环体语句;  }while(表达式);
```

该语句的执行过程：

（1）执行循环体语句。

（2）判断 while 后的表达式是否成立，如果成立，则转向（1），否则执行（3）。

（3）退出 while 循环。

4. while 与 do…while 的比较

在二者具有相同的循环体条件下，当 while 后面表达式第一次的值为真时，两种循环得到的结果相同，否则，二者的结果不同。

6.4 实验内容

6.4.1 知识点练习

1. while 语句中分号的位置

```
#include <stdio.h>
void main()
{ int i=1;
  while(i<=10);
    {  printf("%d*%d=%d\n",i,i,i*i);
       i++ ;
    }
  }
```

回答：程序的结果是什么？为什么？如何修改程序可以输出 1~10 的平方？

2. while 循环体语句中花括号的位置

```
#include <stdio.h>
void main()
{ int i=1;
  while(i<=10)
        printf("%d*%d=%d\n",i,i,i*i);
        i++  ;
}
```

回答：程序的结果是什么？为什么？如何修改程序可以输出 1~10 的平方？

3. 循环变量赋初值

```
#include <stdio.h>
void main()
{ int i;
  while(i<=10)
   {  printf("%d*%d=%d\n",i,i,i*i);
     i++  ;
   }
}
```

回答：程序的结果是什么？为什么？如何修改程序可以输出 1～10 的平方？

4. 循环体中要有使循环趋于结束的语句

```
#include <stdio.h>
void main()
{ int i;
  while(i<=10)
    printf("%d*%d=%d\n",i,i,i*i);
}
```

回答：程序的结果是什么？为什么？如何修改程序可以输出 1～10 的平方？

6.4.2 阅读程序

（1）

```
#include <stdio.h>
void main()
{ int a,s,n,count;
  a=2; s=0; n=1; count=1;
  while(count<=7)    {n=n*a;s=s+n;++count;}
   printf("s=%d",s);
}
```

该程序的输出结果：____________

（2）

```
#include <stdio.h>
void main()
{ int x=3;
  do
    {  printf("%3d",x-=2);  }while(--x);
}
```

该程序的输出结果：____________

（3）

```
#include<stdio.h>
void main()
{ char c;
  c=getchar();
  while((c=getchar())!='?')   putchar(++c);
}
```

该程序运行后，如果从键盘上输入“quert?”，程序的输出结果：____________

（4）

```
#include<stdio.h>
void main()
{ int n=0;
  while(n++<=1);
  printf("%d,",n);
  printf("%d\n",n);
}
```

该程序的输出结果：________________

（5）#include<stdio.h>

```
void main()
{ int n1,n2;
  scanf("%d",&n2);
  while(n2!=0)
     { n1=n2%10;
     n2=n2/10;
     printf("%d",n1);
     }
}
```

该程序运行后，如果从键盘上输入 1298，则输出结果：________________

（6）#include <stdio.h>

```
void main()
{ int k,m,n;
  n=10;m=1;k=1;
  while(k++<=n)  m*=2;
  printf("%d\n",m);
}
```

该程序的输出结果：________________

6.4.3 程序填空

（1）求 1! +2! +3! +……20!。在横线处填写正确的语句或表达式，使程序完整。程序的运行结果如图 6-1 所示。

```
#include <stdio.h>
void main()
{ long n=1,s=0,t=1;          // 由于n! 非常大，数据定义为 int 可能会溢出，故定义为 long
  while(________________)
     { t=________________;
       /* t表示n! ，第 1 次循环时，t 表示 1! =1;
                          第 2 次循环时，t 表示 2! =1*2=1! *2;
                          第 3 次循环时，t 表示 3! =1*2*3=2! *3;
                          第 4 次循环时，t 表示 4! =3! *4
                          ……
                          总结规律即可填写该空   */
     s=______________;      // s 表示两个数的和
     n++;
     }
  printf("1! +2! +3! +……20! =%ld",s);
}
```

图 6-1 程序的运行结果

求 1！+2！+3！+……n！（当 n!>9000 时运算结束），并输出最后的 n 值。程序应该如何修改？n 的值是多少？

（2）输入两个正整数 p 和 q，用欧几里得算法输出其最大公约数。程序的运行结果如图 6-2 所示。

图 6-2　程序的运行结果

```
#include <stdio.h>
void main()
{ int p,q,g,t,r;
  printf("请输入两个正整数：");
  scanf("%d%d",&p,&q);
  if(p<q)
    { ______________;______________;______________; }
  r=p%q;
  while(r!=0)
   { ______________;
     ______________;
     ______________;
   }
  g=q;
  printf("p和q的最大公约数是：%d",g);
}
```

将程序变为：输入 5 组数据，每组两个数，输出每组数据的最大公约数，程序如何修改？

（3）从键盘输入若干个数字，以 0 作为结束标志，找出其中的最大值和最小值。程序的运行结果如图 6-3 所示。

```
#include <stdio.h>
void main()
{ int iNumA, max, min;
  scanf("%d",&iNumA);
  max=______________;
  min=______________;
  while(______________)
    { if(iNumA >max)      ______________;
      if(iNumA <min)      ______________;
      ______________;
    }
  printf("\nmax=%d,min=%d\n",max,min);
}
```

（4）从键盘输入若干个字符，以“#”结束，统计字符的总个数及小写字母的个数。程序的运行结果如图 6-4 所示。

```
#include <stdio.h>
void main()
{ char m;
  int num1=0, num2=0;
  while( (______________)!='#')
    { if(______________)    num1++;           //小写字母的个数
      ______________;
    }
  printf("\n小写字母的个数=%d,字符的总个数=%d\n",num1,num2);
```

```
}
```

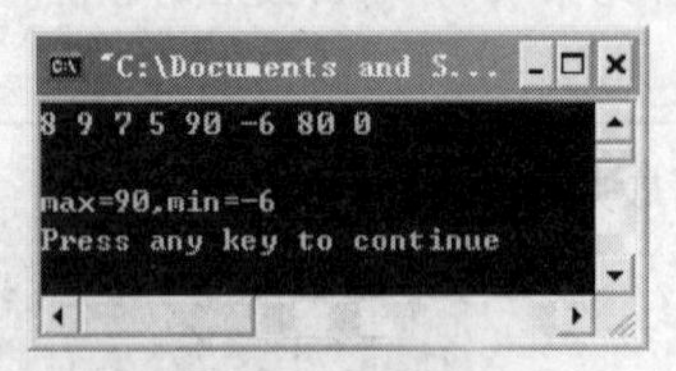

图 6-3　程序的运行结果

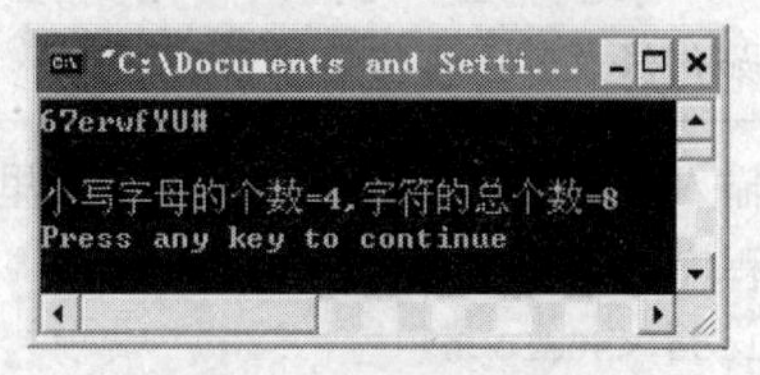

图 6-4　程序的运行结果

while 后的条件应该如何写？填写的这部分条件如果没有加括号，程序的结果还正确吗？

6.5　目标程序

编程计算舍罕王给了达依尔多少粒麦子？程序运行结果如图 6-5 所示。

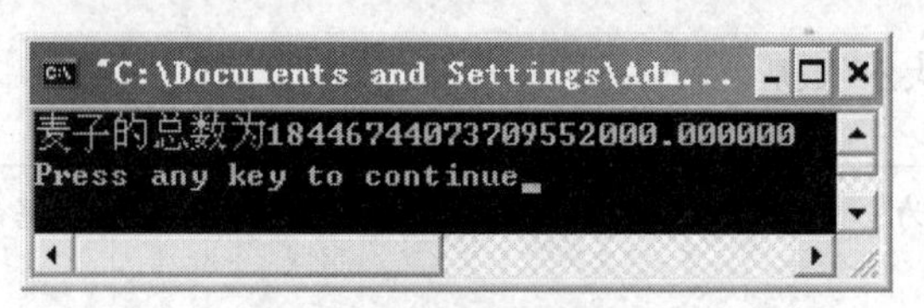

图 6-5　程序的运行结果

```
#include "stdio.h"
void main()
{                         // 定义程序中出现的变量，注意 sum 定义为 double 类型
                          /*利用 while 循环求和：达依尔要求每个小格的麦子比前一个小格的麦子增加
                            一倍，即第 i 个格子赏赐 2^(i-1) 粒麦子，那么达依尔所要的麦子总数为∑2^(i-1) */

}
```

6.6　编程提高

1. 有一分数序列：$\frac{2}{1},-\frac{3}{2},\frac{5}{3},-\frac{8}{5},\frac{13}{8}$，…，求这个序列的前 20 项之和。

2. 编程求 e 的值，$e=1+\frac{1}{1!}+\frac{1}{2!}+\frac{1}{3!}+\ldots$。

（1）用 while 循环，计算前 50 项的和；

（2）用 while 循环，要求直至最后一项的值小于 10^{-6}。

3. 从键盘任意输入若干个数，输入 0 结束，计算所有正数的和、偶数的个数。

6.7　问题讨论

1. while 循环与 do…while 循环有什么区别与联系？

当循环条件第一次成立时，while 循环与 do…while 循环没有区别；当循环条件第一次不成立时，while 循环与 do…while 循环的结果不一样：while 循环一次都没有执行，而 do…while 循环则执行了一次。

2. 死循环的原因是什么？如何修改程序？

造成死循环有可能是循环的条件书写错误，如 while(i=1)，改成 while(i==1)即可；也有可能是循环体中没有使循环趋于结束的语句，如 i++。

实验 7 循环结构程序设计（for）——谁在说谎

7.1 目的和要求

（1）熟练掌握 for 语句的功能、格式和执行过程；

（2）熟练掌握 break 语句和 continue 语句的使用；

（3）掌握循环的常用算法，以及在实际编程中能够熟练、灵活地运用以解决相关问题；

（4）掌握循环结构的嵌套。

7.2 应用实例

通过以下实验对知识点的讲解和练习，独立完成应用实例。

张三说李四在说谎，李四说王五在说谎，王五说张三和李四都在说谎。现在问：这三人中到底谁说的是真话，谁说的是假话？

7.3 知识回顾

1. for 语句的一般格式

```
for(表达式 1;表达式 2;表达式 3)
{
	循环体语句;
}
```

2. for 语句的常用格式

```
for(循环变量赋初值;循环条件;循环变量增量)
{
	循环体语句;
}
```

该语句的执行过程：

（1）给循环变量赋初值；

（2）判断循环的条件是否成立，如果成立则执行（3），否则执行（5）；

（3）执行循环体语句；

（4）循环变量增量，转向（2）继续执行；

（5）退出 for 循环，执行之后的语句。

3. for 语句的注意事项

（1）for 语句中的表达式 1、表达式 2、表达式 3 均可省略，但两个“;”不可省略。如：

```
for( ; ; )
```

（2）for 语句中的“表达式 1”省略，此时应在 for 语句之前给循环变量赋初值。如：

```
for(;i<=8;i++)。
```

（3）for 语句中“表达式 2”省略，即不判断循环条件，循环无终止地进行下去，即认为表达式 2 的值始终为真。

（4）for 语句中“表达式 3”可以省略，但此时程序设计者应另外设法保证循环能正常结束。

（5）for 循环体中有多条语句时，应用{ }括起来。

4. break 语句

break 语句的格式：break;

break 语句有两个用途：

（1）在 switch 语句中终止某个 case 语句。

（2）迫使一个循环立即结束。当在一个循环体中遇到 break 语句时，循环立即终止，程序转到循环体后的语句继续执行。

当循环为多层嵌套时，break 语句仅结束包含该语句的内层循环。break 不能用于循环语句和 switch 语句之外的任何其他语句之中。

5. continue 语句

continue 语句的格式：continue;

continue 语句只用在 for、while、do…while 等循环体中。

continue 语句的作用是结束本次循环，跳过循环体中尚未执行的语句，进行下一次是否执行循环体的判断。它常与 if 条件语句一起使用，用来加速循环。

7.4　实验内容

7.4.1　知识点练习

1. for 语句后的分号

```
#include "stdio.h"
void main()
{ int i,sum=0;
  for(i=0;i<6;i++);
  sum+=i;
```

```
    printf("%d\n",sum);
}
```

回答：程序的输出结果是什么？循环体语句是什么？如果将for()语句后的分号去掉，输出的结果是什么？循环体语句是什么？

2. { }的添加

```
#include "stdio.h"
void main()
{ int n;
  for(n=10;n>7;)
    printf("%d\n",n);
    n- -;
}
```

回答：程序的输出结果是什么？为什么？将程序修改为如下代码，结果是什么？

```
#include "stdio.h"
void main()
{ int n;
  for(n=10;n>7;)
    { printf("%d\n",n);
  n--;
    }
}
```

7.4.2 阅读程序

（1）
```
#include <stdio.h>
void main()
{ int i;
  for ( i=1;i<=20;i++)
       if(i%4==0)  printf("%d\n",  i);
}
```

程序的输出结果：__________________

（2）
```
#include <stdio.h>
void main()
{ int i;
  for(i=1;i<=5;i++)
    {  if(i%2)   printf("#");
       else  continue;
       printf("*");
    }
  printf("$\n");
}
```

程序的输出结果：__________________

（3）
```
#include <stdio.h>
void main()
{ int a=0,i;
  for(i=;i<5;i++)
    { switch(i)
      {  case 0:
         case 3: a+=2;
         case 1:
         case 2: a+=3;
```

```
            default: a+=5;
        }
      }
   printf("%d\n",a);
 }
```

程序的输出结果：________________

（4）

```
#include <stdio.h>
void main( )
{ int  i, j ;
  for  ( i = 0 ; i<= 3; i++ )
    { for  ( j = 0; j<=5 ; j++ )
      { if  ( i==0|| j==0|| i==3|| j==5) printf("*");
        else  printf( "  " ) ;
      }
        printf("\n");
    }
}
```

程序的输出结果：________________

（5）

```
#include <stdio.h>
void main(  )
{ int  x, i ;
  for( i=1,x=1;  i<=50;  i++ )
    { if(x>=10)  break;
      (x%2==1) { x+=5;continue;}
     x-=3;
    }
printf("%d\n", i );
}
```

程序的输出结果：________________

7.4.3　程序填空

（1）该程序的功能是输出乘法表。在横线处填写正确的语句或表达式，使程序完整，并调试程序，使程序的运行结果如图 7-1 所示。

```
#include <stdio.h>
void main()
{  int i,j;                          // i、j 两个变量表示乘法表中相乘的两个量：i*j
   for(__________;i<=9;i++)          //该循环控制乘法表的行数
    { for(j=1;__________;j++)        //该循环控制乘法表每一行的内容，即列
          printf("__________=%-3d",i,j,i*j);          //输出每一列内容，如：3*2= 6
      ____________________;          // 输出每一行后，要换行，然后才能输出下一行
    }
}
```

注意　请仔细分析两个 for 循环的作用范围，注意“换行”这条语句的位置，即它属于哪个 for 循环。

（2）求水仙花数。水仙花数是一个三位数的自然数，该数各位数的立方和等于该数本身，如：153=1*1*1+5*5*5+3*3*3。

```
#include <stdio.h>
void main()
```

```
{ int x,y,z,k;         /*  k表示一个三位数，x表示该三位数的百位，y表示该三位数的十位，z表示该三
                           位数的个位*/
  for(k=_____;k<_____;_____)          //水仙花数是一个三位数
    {  x=k/100;                       // 将百位数字分离出来
       y=_______________;             //将十位数字分离出来，提示：用除法和取余
       z=k%10;                        //将个位数字分离出来
       if (____________________)      // 水仙花数应该满足的条件
             printf("%5d",k);
    }
}
```

该程序的运行结果如图 7-2 所示。

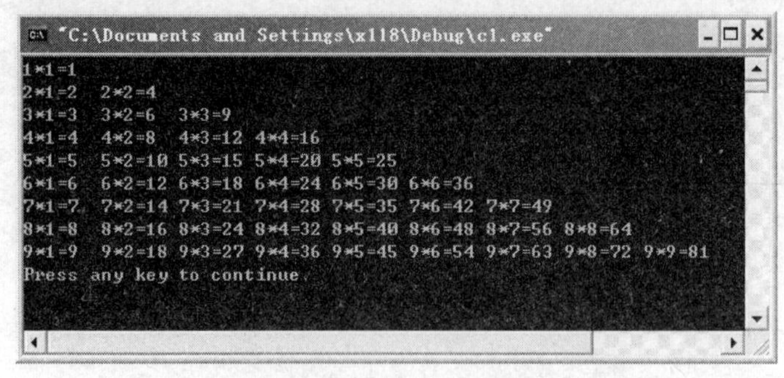

图 7-1 乘法表的输出结果

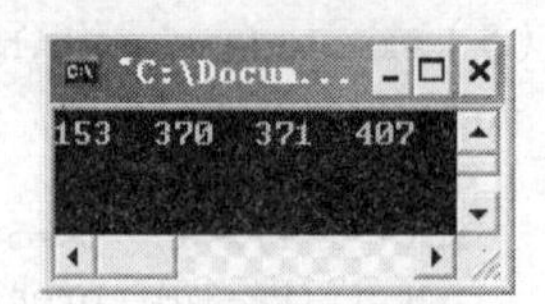

图 7-2 水仙花数输出结果

（3）百马百担问题：有 100 匹马，要驮 100 担货物，其中，1 匹大马可以驮 3 担，1 匹中马可以驮 2 担，2 匹小马可以驮 1 担。请问：大马、中马、小马有多少种组合可以一次把 100 担货物驮完？

```
#include <stdio.h>
void main()
{ int m,n,k;                        // m、n、k分别表示大马、中马、小马的数量
  int sum=0;                        //sum表示可能的组合数
  printf("各种驮法如下：\n");
  for(m=1;m<100;m++)
     for(n=1;n<100;n++)
        for(_______;__________; k++)
           if(________________________)
/*条件1：大马、中马、小马共100匹；条件2：大马、中马、小马驮的货物共100担；条件3：小马的个数为
偶数*/
                 { printf("大马%d匹；中马%d匹；小马%d匹\n",m,n,k);
                   sum++;
                 }
  printf("共有%d种驮法。\n",sum);
}
```

该程序的运行结果如图 7-3 所示。

（4）求 1000 以内的完数。完数指因子和等于该数本身的数。如 6 的因子为 1，2，3，而 6=1+2+3，因此 6 是一个完数。

```
#include<stdio.h>
void main()
{ int a,i,sum=0;
```

```
    printf("1000 以内的完数有：\n");
    for(a=1;__________________;a++)
    { sum=__________;
      for(i=1;__________________;i++)
          if(a%i==0)
              __________________;
      if(sum==a)
          printf("%d  ",a);
    }
}
```

该程序的运行结果如图 7-4 所示。

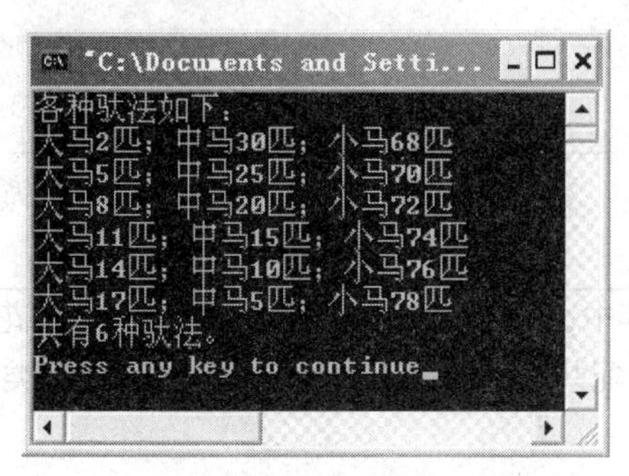

图 7-3 百马百担问题输出结果

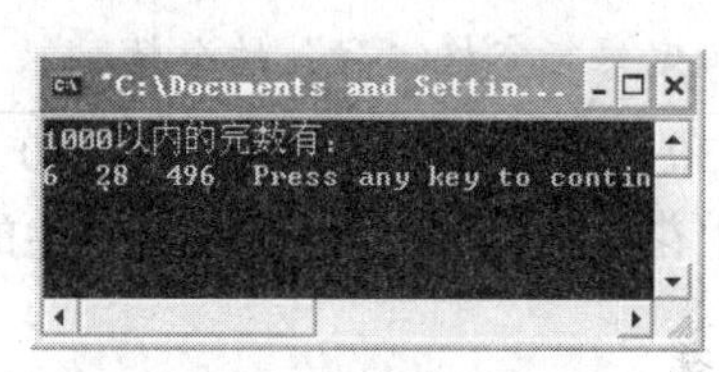

图 7-4 完数输出结果

7.5 目标程序

编程判断谁说的是假话。程序的运行结果如图 7-5 所示。

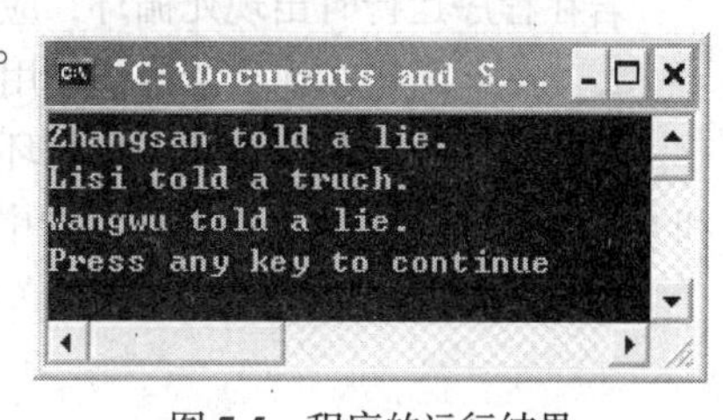

图 7-5 程序的运行结果

```
#include "stdio.h"
void main()
{



}
```

提示

每个人都有可能说的是真话，也有可能说的是假话，这样就需要对每个人所说的话进行分别判断。假设三个人所说的话的真假用变量 A、B、C 表示，等于 1 表示此人说的是真话，等于 0 表示这个人说的是假话。由题目可以得到：

“张三说李四在说谎”：张三说的是真话：a==1&&b==0 或张三说的是假话：a==0&&b==1

“李四说王五在说谎”：李四说的是真话：b==1&&c==0 或李四说的是假话：b==0&&c==1

“王五说张三和李四都在说谎”：王五说的是真话：c==1&&a+b==0 或王五说的是假话：c==0&&a+b!=0

上述三个条件之间是“与”的关系。将表达式进行整理就可得到 C 语言的表达式：

(a&&!b||!a&&b)&&(b&&!c||!b&&c)&&(c&&a+b==0||!c&&a+b!=0)

穷举每个人说真话或说假话的各种可能情况，代入上述表达式中进行推理运算，使上述表达式均为“真”的情况就是正确的结果。

7.6 编程提高

1. 打印出左图。

打印出左图，实际等价于打印出右图（“_”表示空格），需要通过两个 for 循环分别确定每行空格、“*”的个数。

2. 有 30 个学生一起买小吃，共花 50 元钱，其中，每个大学生花 3 元，每个中学生花 2 元，每个小学生花 1 元，问：大、中、小学生的人数分配共有多少种不同的方法？（去掉某类学生为 0 的解）

7.7 问题讨论

1. 若在程序运行时出现死循环，应该如何退出？

若在程序运行时出现死循环，应使用 Ctrl+Break 终止程序执行。

2. break 语句在什么情况下使用?

若程序中存在需要提前结束循环的情况，则使用 break 语句。而且 break 语句只能在循环结构和 switch 语句中出现。在循环结构中使用 break 语句，往往需要和 if 语句搭配使用。

实验 8 数组

——寻找矩阵中的鞍点

8.1 目的和要求

（1）理解数组变量在内存中的存放形式；

（2）熟练掌握一维数组、二维数组的定义和引用；

（3）掌握一维数组和二维数组的基本算法。

8.2 应用实例

通过以下实验对知识点的讲解和练习，独立完成应用实例。

寻找矩阵中的鞍点。鞍点指在矩阵行中最大、列中最小的数，如以下矩阵：

87　90　110　98↙

70　97　210　65↙

98　45　120　30↙

则输出 110。

8.3 知识回顾

1. 一维数组的定义

数据类型　数组名[常量表达式];

如：int a[6];表示定义了一个一维数组 a，该数组中可以存放 6 个 int 类型的数据。

2. 一维数组定义的相关说明

（1）[ ]：数组运算符，属于单目运算符，优先级别为 1 级，自左向右结合，注意不能用()代替。

（2）方括号中的常量表达式表示数组元素的个数，即数组长度。

（3）不能在方括号中用变量表示元素的个数。

3. 给一维数组赋值

（1）通过赋值语句赋值。

如：`int a[6]={0,1,2,3,4,5};`

（2）通过输入语句赋值。

```
int a[6];
for(i=0;i<6;i++)   scanf("%d ",&a[i]);
```

4. 一维数组元素的引用

（1）一维数组必须先定义，后使用。

（2）一维数组元素表示形式：数组名[下标]。

（3）一维数组元素的下标从 0 开始。

如：有定义 int a[6];，则数组 a 中的 6 个元素分别为 a[0]、a[1]、a[2]、a[3]、a[4]、a[5]。

5. 一维数组的输出

```
int a[6]={0,1,2,3,4,5};
for(i=0;i<6;i++)  printf("%d ",a[i]);
```

6. 一维数组在内存中的存放方式

一维数组在内存中顺次存放，如图 8-1 所示，其中数组的名称代表数组的首地址。

7. 二维数组的定义

```
数据类型  数组名[常量表达式 1][常量表达式 2];
```

其中，常量表达式 1 表示数组的行数，常量表达式 2 表示数组的列数。则数组的元素个数=行数*列数。

如：int a[3][4];表示定义了一个 3 行 4 列的二维数组，该数组中的 12 个元素全部是整型数据。

8. 给二维数组赋值

（1）通过赋值语句赋值。

如：`int a[3][4]={{0,1,2,3},{4,5,6,7},{8,9,10,11}};`

```
int a[3][4]={ 0,1,2,3, 4,5,6,7, 8,9,10,11};
```

（2）通过输入语句赋值。

```
int a[3][4];
for(i=0;i<3;i++)
    for(j=0;j<4;j++)
        scanf("%d ",&a[i][j]);
```

9. 二维数组元素的引用

（1）二维数组必须先定义，后使用。

（2）二维数组元素表示形式：数组名[行标] [列标]。

（3）二维数组元素的行标、列标从 0 开始。

如：有定义 int a[3][4];，则数组 a 中的 12 个元素分别为：

```
a[0][0]  a[0][1]  a[0][2]  a[0][3]
a[1][0]  a[1][1]  a[1][2]  a[1][3]
a[2][0]  a[2][1]  a[2][2]  a[2][3]
```

10. 二维数组的输出

```
int a[3][4]={{0,1,2,3},{4,5,6,7},{8,9,10,11}};
```

```
for(i=0;i<3;i++)
    for(j=0;j<4;j++)
        printf("%d ",a[i][j]);
```

11．二维数组在内存中的存放方式

二维数组在内存中的存放方式如图 8-2 所示，其中数组的名称代表数组的首地址。

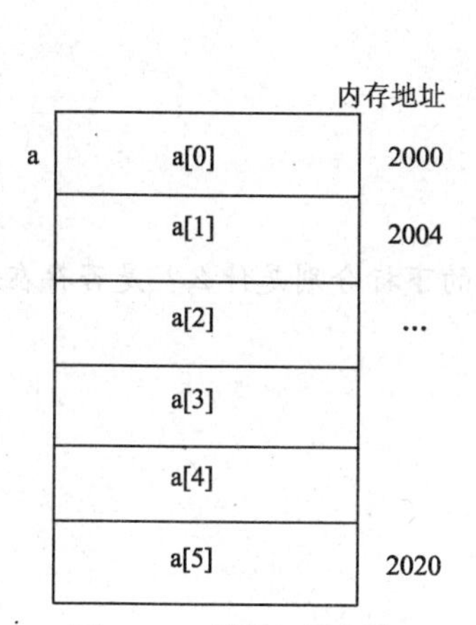

图 8-1　一维数组的存放

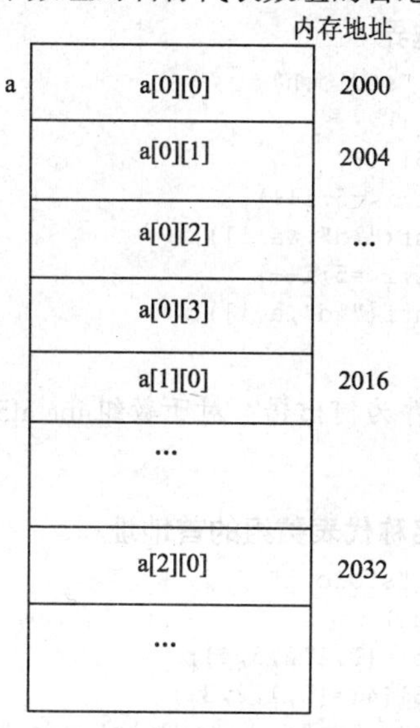

图 8-2　二维数组的存放

8.4　实验内容

8.4.1　知识点练习

1．一维数组的输入和输出

```
#include "stdio.h"
void main()
{ int a[5],i;
  printf("给一维数组赋初值：");
  scanf("%d%d%d%d%d",a);
  printf("输出一维数组：");
  printf("%d%d%d%d%d",a);
}
```

回答：程序为何出错？数组能否“整体输入输出”？应如何修改？

2．数组的复制

```
#include "stdio.h"
void main()
{ int a[5],i,b[5];
  printf("给数组 a 赋初值:\n");
  for(i=0;i<5;i++)
     scanf("%d",&a[i]);
  printf("将数组 a 复制给数组 b:\n");
  b=a;
```

```
   printf("数组b的值:\n");
   for(i=0;i<5;i++)
      printf("%d",b[i]);
}
```

回答：程序为何出错？数组能否“整体赋值”？应如何修改？

3. 数组越界

```
#include "stdio.h"
void main()
{ int a[5],i;
  for(i=1;i<=5;i++)
     scanf("%d",&a[i]);
  for(i=1;i<=5;i++)
     printf("%d",a[i]);
}
```

回答：程序为何出错？对于数组 int a[5]，其元素的下标分别是什么？是否存在元素 a[5]？应如何修改程序？

4. 数组名称代表数组的首地址

```
#include "stdio.h"
void main()
{ int a[5]={0,1,2,3,4};
  int b[3][4]={0,1,2,3};
  printf("a:%d,%x  b:%d,%x\n",a,a,b,b);
  printf("a:%d,%x  b: %d,%x \n",a[0],a[0],b[0][0], b[0][0]);
  printf("a:%d,%x  b: %d,%x \n",&a[0],&a[0], &b[0][0], &b[0][0]);
}
```

回答：程序的输出结果是什么含义？第一条输出语句的结果与第三条输出语句的结果是否相同？为什么？

8.4.2 阅读程序

（1）
```
#include "stdio.h"
void main()
{ int a[10],i;
  for (i = 0;i<10;i++)
   { a[i] = i + 1;
     printf("a[%d]=%d\n",i,a[i]);
   }
}
```

该程序的输出结果：____________________

（2）
```
#include "stdio.h"
void main()
{ int i,test,p[17],head;
  for(i=0;i<16;i++)
      p[i]=i+1;
  p[16]=0;
  test=0;
  while(test!=p[test])
   {  for(i=1;i<3;i++)
          { head=test;  test=p[head];}
      p[head]=p[head];
```

```
    }
  printf("\n%5d",test);
}
```

该程序的输出结果：______________

（3）

```
#include "stdio.h"
void main()
{ int num[3][4],i,j;
   for (i = 0;i < 3;i++)
       for (j = 0;j < 3;j++)
            { printf("num[%d][%d] = ",i,j);
              scanf("%d",&num[i][j]);
            }
   for (i = 0;i < 3;i++)
      { num[i][3] = 0;
        for (j = 0;j < 3;j++)
        num[i][3] += num[i][j];
      }
   for (i = 0;i < 3;i++)
      { for (j = 0;j < 4;j++)
            printf("%4d",num[i][j]);
        printf("\n");
      }
}
```

该程序的输出结果：______________

（4）

```
#include "stdio.h"
void main()
{ int a[10] = {89,67,100,64,76,91,94,52,82,90};
  int num,i;
  printf("输入要查找的数：");
  scanf("%d",&num);
  for (i = 0;i < 10;i++)
     if (a[i] == num)   break;
  if (i<10)                              /* 请仔细分析为什么要在此处加上 if 语句 */
     printf("%d 在这组数中的第%d 个位置。",num,i+1);
  else
     printf("%d 不在这组数中。",num);
}
```

输入 82，则程序的输出结果：______________

（5）

```
#include "stdio.h"
void main()
{ int a[12] = {4,9,13,16,18,19,24,26,28,32},t;
  int i,top,bot,mid;
  printf("input a integer: ");
  scanf("%d",&t);
  for(top=0,bot=10;top<=bot;)             /* 折半查找法*/
   { mid=(top+bot)/2;
     if(t==a[mid])
       { printf("the positon is %d\n",mid+1);
         break;
       }
     else if(t>a[mid])     top=mid+1;
```

```
      else  bot=mid-1;
    }
  if(top>bot)    printf("no seacher\n");
}
```

输入 28，则程序的输出结果：________________

（6）#include "stdio.h"

```
void main()
{ int a[3][4]={1,2,3,4,5,6,7,8,9,10,11,12}, b[4][3];
  int i, j;
  for (i=0;i<3;i++ )
      for (j=0;j<4;j++ )
          b[j][i]=a[i][j];
  for ( i=0;i<4;i++ )
   { for ( j=0;j<3;j++ )
      printf("%5d",b[i][j] );
      printf("\n");
   }
}
```

该程序的功能：________________

（7）#include "stdio.h"

```
void main()
{ int a[21],i,j,n=0;
  for(i=2;i<20;i++ )
        a[i]=i;
  for ( i=2;i<10;i++ )
  { if (a[i]==0) continue;
    for (j=i+1;j<=20;j++)
       if (a[j]%a[i]==0) a[j]=0;
  }
  for ( i=2;i<=20;i++ )
  if (a[i]!=0) { printf("%4d",a[i]); n=n+1;}
  if (n%4==0) printf("\n");
}
```

该程序的输出结果：________________

8.4.3 程序填空

（1）输入一组数，输出这组数中的最大值和最小值。输出结果如图 8-3 所示。要求按运行结果所示的格式输出数据。

```
#include "stdio.h"
#include "assert.h"
void main()
{ float a[20],max,min;
  int i,n;
  printf("输入数据的个数（不超过 20）: ");
  scanf("%d",&n);
  assert(n<=20);                        //如果 n<=20，则继续执行，否则终止
  printf(____________________);
  for (i = 0;__________;i++)
     scanf("%f",__________);
  max = min = a[0];
  for (i = 0;i < n;i++)
```

```
"C:\Documents and Settings\...
输入数据的个数（不超过20）: 5
输入5个数: 45.2 56.23 52 12 55
最大值为: 56.23
最小值为: 12.00
Press any key to continue
```

图 8-3　程序的运行结果

```
    { if (______________________) max = a[i];
      if (______________________) min = a[i];
    }
  printf("最大值为：%.2f\n 最小值为：%.2f ",max,min);
}
```

assert() 宏用法

assert 宏，在 C 语言的 assert.h 头文件中。

assert 宏的原型定义在<assert.h>中，其作用是如果它的条件返回错误，则终止程序执行，原型定义：`#include <assert.h>`

```
void assert( int expression );
```

assert 的作用是先计算表达式 expression ，如果其值为假（为 0），那么它先向 stderr 打印一条出错信息，然后通过调用 abort()库函数来终止程序运行。

（2）输入一组学生的语文成绩和数学成绩，求每个学生的平均成绩。输出结果如图 8-4 所示。要求按运行结果所示的格式输出数据。

```
#include "stdio.h"
void main()
{ int score[40][3],i,j,num;
  float av[40];
  printf("输入学生人数（不超过 40 人）：");
  scanf("%d",&num);
  for (i = 0;i < num;____________)
    { printf("输入第%d 个学生的语文成绩和数学成绩：",i+1);
      for (j = 0;____________;j++)
      scanf("%d",&score[i][j]);
    }
  for(i = 0;i < num;i++)
    { score[i][2]=0;                        /*  score[i][2]存放总成绩  */
       for(j=0;j<2;j++)
      ______________________;               /*  求总成绩   */
      av[i]=____________;                   /*  求平均成绩   */
    }
  printf("%8s%10s%10s%10s%10s\n","编号","语文成绩","数学成绩","总成绩","平均成绩");
  for (i = 0;i < num;i++)
  { printf("%8d",____________);             /* 输出编号  */
    for(j=0;j<3;j++)
    printf("%10d",________________);        /*  输出语文成绩、数学成绩和总成绩  */
    printf("%10.1f\n",________________);    /*  输出平均成绩   */
  }
}
```

（3）给定某年某月某日，将其转换成这一年的第几天并输出。输出结果如图 8-5 所示。要求按运行结果所示的格式输出数据。

```
#include "stdio.h"
void main()
{ int y,m,d;
  int i=0,j,sum=0;
  int day[2][13]={ {0,31,28,31,30,31,30,31,31,30,31,30,31},
    {0,31,29,31,30,31,30,31,31,30,31,30,31}};  /* 数组 day 中存放每月的天数，第一行为平年
                                                   每月的天数，第二行为闰年每月的天数*/
```

```
    printf("请输入年 月 日：");
    scanf("%d%d%d",&y,&m,&d);
    if(________________________)                /* 判断是平年还是闰年,如果是闰年,则 i=1*/
        i=1;
    for(j=1;j<m;j++)
      { if(__________)  sum+=____________;      /*如果是闰年，年月份累加*/
        else     sum+=______________;           /*如果是平年，年月份累加*/
      }
     printf("____________________");
}
```

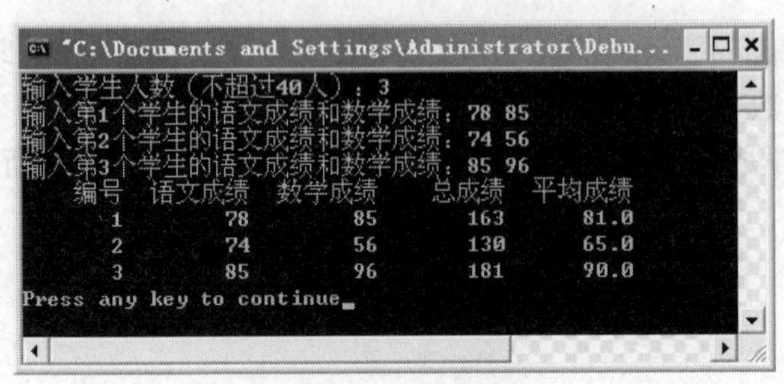

图 8-4　程序的运行结果

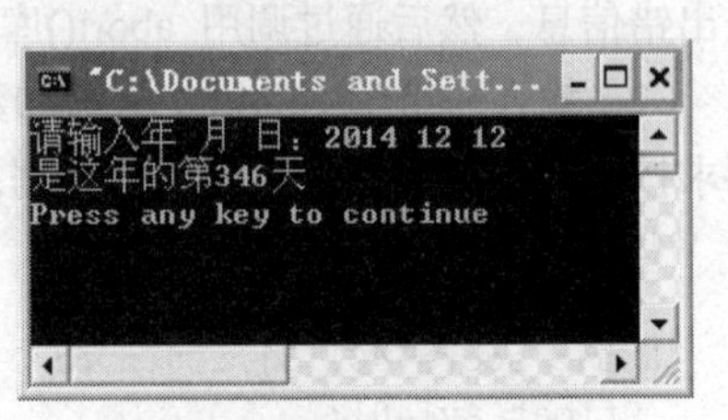

图 8-5　程序的运行结果

（4）随机生成 10 个整数，对这 10 个数进行冒泡排序。输出结果如图 8-6 所示。要求按运行结果所示的格式输出数据。

图 8-6　程序的运行结果

```
#include "stdio.h"
#include "stdlib.h"
#include "time.h"
void main()
{ int a[10],i,j,t;
  srand( (unsigned)time( NULL ) );              // 产生随机数的起始发生数据
  printf("随机生成 10 个 0-100 之间的整数：\n");
  for(i=0;i<10;i++)
   { a[i]=rand()%(100-0+1)+0;                   //产生 0~100 之间的随机数
     printf("%d ",a[i]);
   }
  printf("\n 对随机生成的 10 个整数进行冒泡排序：\n");
  for(i=0;__________;__________)
     for( j=0;__________;__________)
          if(__________)
            {__________;  __________;  __________;}
  for(i=0;i<10;i++)
     printf("%d  ",a[i]);
}
```

产生随机数函数 rand()，该函数的功能是产生“0 ~ 整型数据最大值”之间的一个随机整数。如果想产生“min ~ max”之间的一个随机数，公式为 rand()%(max-min+1)+min。

通过 rand()产生的随机数实际是伪随机数，因为每次产生的随机数都一样。产生随机数的原理是以一个数（称为种子）为基准，以某个递推公式推算出来的一系列数。为了改变这个种子的值，C 语言提供了 srand()函数。由于 srand()函数改变了种子的值，因此每次可以产生不一样的随机数。

rand()函数包含在“stdlib.h”头文件中。

srand()函数包含在“stdlib.h”头文件中。在使用时，由于它要调用 time()函数，因此程序还应包含“time.h”头文件。

8.5　目标程序

编程计算矩阵中的鞍点。程序运行果如图 8-7 所示。

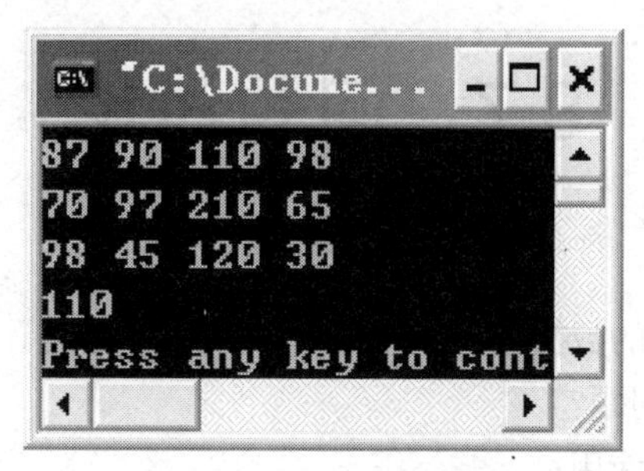

图 8-7　程序的运行结果

```
#include <stdio.h>
main()
{ int i,j,k,a[3][4],max,maxj,flag;     /*max 表示行中的最大值，maxj 记录最大值的列标*/
  /*输入矩阵中的数据。请在下面补充该内容的程序段*/


  for(i=0;i<3;i++)
  {  max=a[i][0];
     maxj=0;
     /*通过 for 循环寻找行中的最大值并记录列标。请在下面补充该内容的程序段*/


  flag=1;  /*flag 用来标记是否找到鞍点，其值为 1 时表示找到鞍点，为 0 时表示没有鞍点*/
  /*给 flag 重新赋值，即判断之前找到的行最大值是否是列最小值。请在下面补充该内容的程序段*/


  }
  if(flag==0)
      printf("NO");
}
```

8.6　编程提高

1. 输出数组 a[3][3]矩阵的两条对角线元素的和。

2. 编写程序，其功能是：将满足此条件的四位数按从大到小的顺序存入数组 b 中，并计算满足上述条件的四位数的个数 cnt。条件是：千位数字大于百位数字，千位数字大于个位数字，且该数是奇数。

3. 编写程序，定义一个含有 30 个整数的数组，依次赋予从 2 开始的偶数，然后将按顺序每 5 个数的平均值放在另一个数组中，并按每行 3 个数输出。

提示：定义一个一维整型数组 a[30]用于存放初始数据，定义一个一维数组 b[6]用于存放平均值，临时变量 sum 存放 5 个整数的和。程序结构大致如下：

```
for ( ) {给数组 a 赋值}
for ( ) { 求和、求平均值 }        /*循环变量假设为 i，则表达式 i%5==0 可以将 a 的 30 个数分成 6 组*/
for ( ) { 输出平均值 }            /*利用表达式 i%3==0 实现每行输出 3 个数*/
```

先画流程图，再根据流程图写程序。

8.7 问题讨论

1. 什么情况下使用数组?

程序中涉及的数据是相同的数据类型，且需要保存。

2. 使用数组应注意哪些问题?

首先，数组必须先定义后使用；

其次，定义数组时应注意数组的维数用[ ]括起来；

再次，在使用数组时应注意数组元素是否有确切的值，也就是说，在使用前应该给数组赋初值，在初始化数组时应注意数据用{ }括起来；

最后，使用数组时应注意，数组不能整体引用，只能逐个元素引用，因此涉及数组的程序大多使用循环结构。

实验9 字符数组

——翻译数字

9.1 目的和要求

（1）理解数组变量在内存中的存放形式；

（2）熟练掌握字符数组的定义和引用；

（3）掌握字符处理函数的使用方法。

9.2 应用实例

通过以下实验对知识点的讲解和练习，独立完成应用实例。

输入一个小于100的数，输出它的英文单词。如：输入0，则输出zero；输入11，则输出eleven；输入81，则输出eighty one。

9.3 知识回顾

1. 字符数组的定义

```
char 数组名[常量表达式];
char 数组名[常量表达式] [常量表达式];
```

如：char ch[6];表示定义了一个一维数组ch，其中可以存放6个字符。

char ch[3][4]; 表示定义了一个3行4列的二维数组ch，其中可以存放12个字符。

2. 给字符数组赋值

（1）使用赋值语句逐个字符赋值。

```
char ch1[5]={'B','o','y'};
char ch2[3][4]={{'a','b','c','d'},{'w','x','y','z'},{'A','B','C','D'}};
```

（2）使用赋值语句以字符串常量的形式赋值

如：`char ch16]={ "Hello "};`　　`char ch1[6]= "Hello ";`

`char ch2[3][4]={ "abc ", "ABC ", "xyz "};`

字符串以"\0"作为结束标志，且该标志位在内存中占一个字节。因此，用字符串常量给字符数组赋值时，要注意数组的长度。

（3）通过输入语句逐个赋值。

```
char ch1[6];
int i;
for(i=0;i<6;i++)
   scanf("%c ",&ch1[i]);
```

```
char ch2[3][4];   int i,j;
for(i=0;i<3;i++)
   for(j=0;j<4;j++)
      scanf("%c ",&ch2[i][j]);
```

（4）通过输入语句以字符串的形式赋值。

```
char ch1[6];
scanf("%s ",ch1);
```

```
char ch2[3][4];   int i;
for(i=0;i<3;i++)
   scanf("%s ",ch2[i]);
```

在输入函数中，以字符串的方式给字符数组赋值，采用的是“%s”的格式，地址写的是数组的名称。由于数组的名称本身就代表地址，因此不用写“&”。

用%s 输入字符串时，遇空格、回车表示输入结束。如输入“how are you!”，则只有“how”被输入给了字符数组。

（5）使用字符串输入函数给字符数组赋值。

```
char ch1[6];
gets(ch);
```

```
char ch2[3][4];   int i;
for(i=0;i<3;i++)
   gets(ch[i]);
```

使用字符串函数时，程序应加上“#include <string.h>”。

3. 字符数组的输出

（1）逐个输出字符。

```
char ch1[6]={ "hello "};
int i;
for(i=0;i<6;i++)
   printf("%c",ch1[i]);
```

```
char ch2[3][4]={……};
int i,j;
for(i=0;i<3;i++)
   for(j=0;j<4;j++)
      printf("%c",ch2[i][j]);
```

（2）以字符串的形式输出字符数组。

```
char ch1[6]={……};
printf ("%s ",ch1);
```

```
char ch2[3][4] ={……}; int i;
for(i=0;i<3;i++)
   printf ("%s ",ch2[i]);
```

（3）使用字符串输出函数输出字符数组。

```
char ch1[6] ={……};
puts(ch);
```

```
char ch2[3][4] ={……};   int i;
for(i=0;i<3;i++)
   puts(ch[i]);
```

4. 字符串连接函数 strcat()

格式：strcat(字符数组 1,字符数组 2);

功能：把字符数组 2 连到字符数组 1 后面。

返值：返回字符数组 1 的首地址。

说明：（1）字符数组 1 必须足够大；

（2）连接前，两串均以'\0'结束；连接后，串 1 的'\0'取消，新串最后加'\0'。

5. 字符串拷贝函数 strcpy()

格式：strcpy(字符数组 1,字符串 2);

功能：将字符串 2 拷贝到字符数组 1 中去。

返值：返回字符数组 1 的首地址。

说明：字符数组 1 必须足够大；拷贝时，'\0'一同拷贝。

不能使用赋值语句为一个字符数组赋值。如：

```
char ch1[6]={ "hello "},ch2[6];
ch2=ch1;   //  出错！！
```

6. 字符串比较函数 strcmp()

格式：strcmp(字符串 1,字符串 2);

功能：对两串从左向右逐个字符比较（ASCII 码），直到遇到不同字符或'\0'为止。

返值：返回 int 型整数，此整数为第一个不同字符的 ASCII 码之差：

若字符串 1< 字符串 2，则返回负整数；

若字符串 1> 字符串 2，则返回正整数；

若字符串 1= 字符串 2，则返回零。

字符串比较不能用“==”、“>=”等关系运算符。

7. 求字符串长度函数 strlen()

格式：strlen(字符数组);

功能：计算字符串长度。

返值：返回字符串实际长度，不包括'\0'在内。

9.4 实验内容

9.4.1 知识点练习

1. %s 的使用

```
#include "stdio.h"
void main()
{ char str[20];
  scanf("%s", str);
  printf("%s", str);
}
```

回答： 如果输入“how are you? ”，程序输出什么？为什么？

2. 字符串的比较

```
#include "stdio.h"
void main()
{ char str1[20]= "hello c",str2[20]= "how are you";
  if(str1>str2)
```

```
    printf("str1>str2");
  else
    printf("str1<=str2");
}
```

回答：程序为何出错？应如何修改？

3. 字符串的复制

```
#include "stdio.h"
#include "string.h"
void main()
{ char str1[20]= "hello c",str2[20];
  str2=str1;
  puts(str2);
}
```

回答：程序为何出错？哪些方法可以实现复制功能？

9.4.2 阅读程序

（1）
```
#include "string.h"
#include "stdio.h"
void main()
{ char s1[ ] = {'H','e','l','l','o'};
  char s2[ ] = {'H','e','l','l','\o'};
  char s3[ ] = "Hello";
  puts(s1);
  puts(s2);
  puts(s3);
}
```
该程序的输出结果：____________________

（2）
```
#include "string.h"
#include "stdio.h"
void main()
{ char str[80];
  int i;
  gets(str);
  for (i = 0;i < strlen(str);i++)
      printf("str[%d]=%c\n",i,str[i]);
}
```
该程序的输出结果：____________________

（3）
```
#include "string.h"
#include "stdio.h"
void main()
{ char str1[80],str2[80];
  printf("输入第一个字符串：");
  gets(str1);                    /*注意这种写法：gets(数组名称)*/
  printf("输入第二个字符串：");
  gets(str2);
  if (strcmp(str1,str2) == 0)
      printf("两个字符串内容相同");
  else
```

```
        printf("两个字符串内容不同");
}
```

输入“abc”、“ABC”，则程序的输出结果：____________________

（4）
```
#include "stdio.h"
void main()
{ char a[5][5],i,j;
  for(i=0;i<5;i++)
      for(j=0;j<5;j++)
        if(i==0 ||i+j==4)
            a[i][j]='*';
        else   a[i][j]=' '; for(i=0;i<5;i++)
        {   for(j=0;j<5;j++)
                printf("%c",a[i][j]);
           printf("\n");
        }
}
```

该程序的输出结果：____________________

（5）
```
#include "stdio.h"
void main()
{ char str[ ]={ "a1b2c3d4e5"},i,s=0;
  for(i=0;str[i]!='\0';i++)
        if(str[i]>='a'&&str[i]<='z')
              printf("%c\n",str[i]);
  printf("\n");
}
```

该程序的输出结果：____________________

9.4.3 程序填空

（1）输入一个句子，计算句子中单词的个数。输出结果如图 9-1 所示。要求按运行结果所示的格式输出数据。

```
#include "string.h"
#include "stdio.h"
void main()
{ char str[80],c;
  int i,num=0,mark=0;                          //mark 用来标记是否开始计数
  printf("请输入一行英文句子：");
  ____________________;
  for(i=0;____________________;i++)         //当字符为'\0'时，结束计数
     if(c==' ')
        ________________;                      //遇到空格，将 mark 置为 0，准备计数
     else if(mark==0)
       {  ____________________;                 //将 mark 置为 1，表示计数完毕，等待下一空格
        num++;
       }
  printf("在这个句子中有%d 个单词.\n",num);
}
```

（2）输入一组学生的姓名和总分，根据总分排名次。输出结果如图 9-2 所示。要求按运行结果所示的格式输出数据。

```
#include "string.h"
```

```
#include "stdio.h"
void main()
{ char name[40][10],str[10];
  int score[40],num,i,j,t;
  printf("输入学生人数: ");
  scanf("%d",&num);
  for (i = 0;________________;i++)
      { printf("输入第%d 学生的姓名和成绩: ",i+1);
        scanf("%s%d",________________,&score[i]);    /* 输入学生的姓名和成绩，把姓名放到
                                                        字符数组 name[i]中，把分数放到
                                                        一维数组 score 中

      }
  for (i = 0;i<num;i++)   /*  排序  */
   for (j =________________;j < num;j++)
       if (score[j] > score[i])
           { t = score[i];
             ________________;
             ________________;
             strcpy(str,name[i]);              /*为了维持学生的姓名和总分的对应关系，上面
                                                 换，这里就必须相应地交换名字*/
             ________________
             ________________
           }
  printf("排了名次的成绩如下: \n");
  printf("%8s%12s%8s\n",________________________________);
  for (i = 0;i < num;i++)
       printf("%8d%12s%8d\n",i+1,____________________________);
}
```

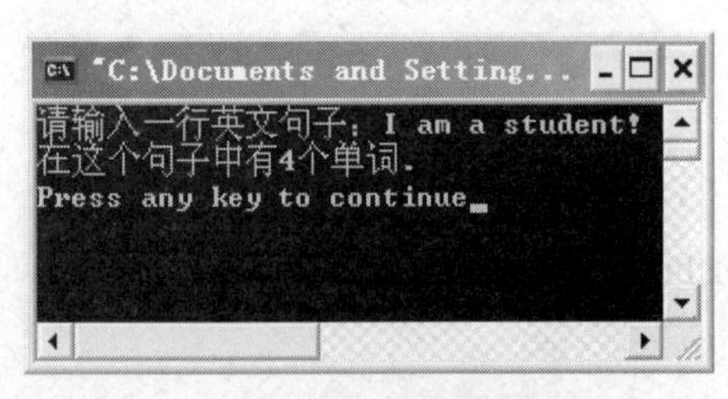

图 9-1　程序的运行结果

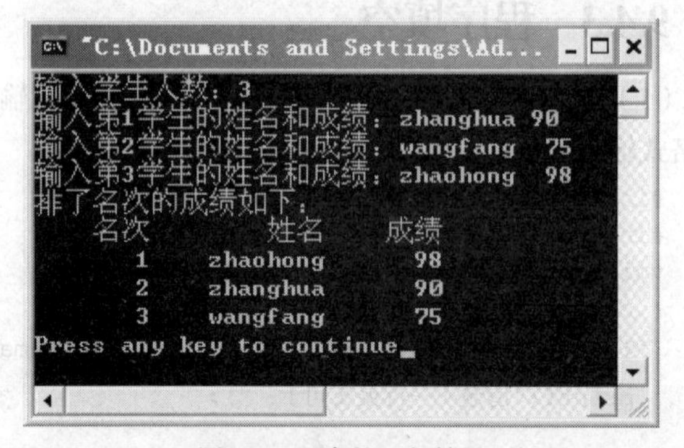

图 9-2　程序的运行结果

（3）删除字符串中指定的字符。输出结果如图 9-3 所示。要求按运行结果所示的格式输出数据。

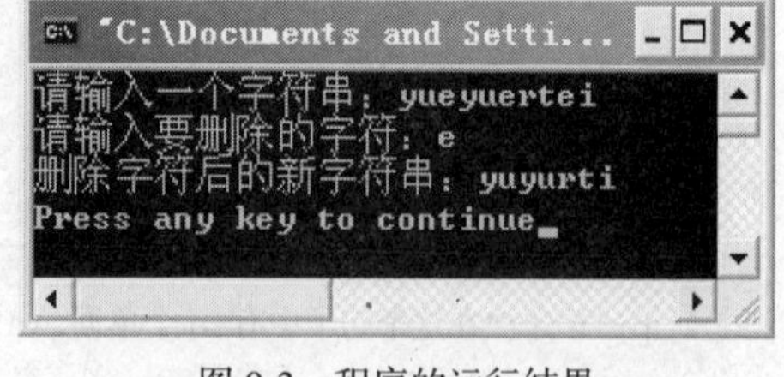

图 9-3　程序的运行结果

```
include"string.h"
#include "stdio.h"
void main()
{ char x,s[20];
  int i,j;
  printf("请输入一个字符串: ");
  ________________;
  printf("请输入要删除的字符: ");
  scanf("%c",&x);
  for(i=0;____________________;i++)
```

```
    { if(s[i]==x)
      { for(________________;s[j]!='\0';j++)          //将该位置及之后的元素往前移
          s[j]=________________;
        s[j]='\0';
      }
    }
  printf("删除字符后的新字符串：");
  ________________;
}
```

9.5 目标程序

输入一个小于 100 的数，输出它的英文单词。程序的运行结果如图 9-4 所示。

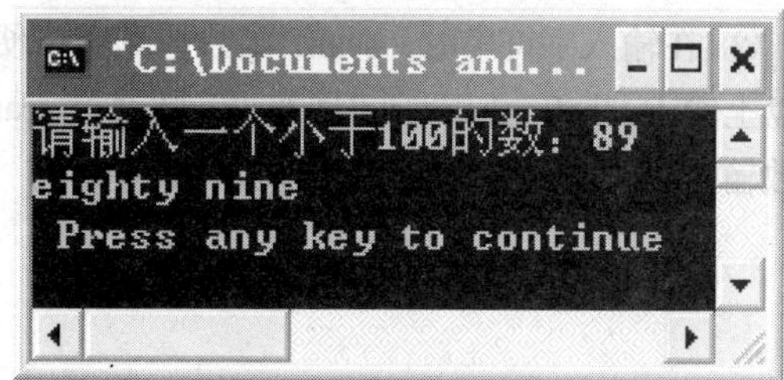

图 9-4 程序的运行结果

```
#include<stdio.h>
void main()
{




}
```

定义两个字符数组，数组 1 用来存放 0～9 的英文单词，数组 2 用来存放 20、30、40……90 的英文单词。

如果是一个两位数，则对应的英文单词由数组 2 中的十位+数组 1 中的个位构成；如果是一个一位数，则对应的英文单词由数组 1 中的个位构成。

提示

如果是一个个位为 0 的两位数，如 50，则输出数组 2 中对应的英文单词，不会输出数组 1 中的“zero”。

9.6 编程提高

1. 编程实现字符串的复制功能。

2. 编程实现字符串的连接。
3. 输入多个学生的名字，按升序输出。

9.7 问题讨论

1. 对于一个二维数组 char a[3][4]，a 代表什么？a[0]代表什么？a[0][0]代表什么？

a 代表二维数组的首地址，a[0]代表第一行的首地址，a[0][0]代表第一个元素的值。

2. 字符串输入函数有哪些？有什么区别？

常用的字符串输入函数有两个：scanf()和 gets()。

两者的区别：设有定义 char str[20];，则可以通过这两个函数输入字符串：

① 在书写格式上：scanf（"%s",str）；　　　　　gets(str);

② 在输入字符串时，scanf 函数遇到空格便终止输入，gets 函数遇到回车终止输入。如：在键盘上输入“hello the world(回车)”，则通过 scanf 函数输入时，str 中的字符串是 hello；通过 gets 函数输入时，str 中的字符串是 hello the world。

实验10 递归及函数的使用
——猜年龄

10.1 目的和要求

（1）理解函数、形参、实参、作用域、生存期的概念；

（2）熟练掌握函数的定义和调用方法；

（3）掌握函数递归的编写规则。

10.2 应用实例

通过以下实验对知识点的讲解和练习，独立完成应用实例。

用递归的方法求他们的年龄：第五个人说比第四个人大2岁，第四个人说比第三个人大2岁，第三个人说比第二个人大2岁，第二个人说比第一个人大2岁，第一个人说自己10岁。计算出每个人的年龄。

10.3 知识回顾

1. 函数与main主函数的关系

（1）一个源程序文件可以由多个函数构成，但有且仅有一个main主函数。

（2）函数之间可以相互调用，但不能调用main函数。main函数是由系统调用的。

（3）C语言程序的执行从main函数开始，调用其他函数后流程回到main函数，在main函数中结束整个程序。

2. 函数的分类

（1）从用户角度分类：主函数、库函数、用户自定义函数。

（2）从函数的形式分类：有参函数、无参函数。

（3）从功能分类：有返回值函数、无返回值函数。

3. C 语言程序中使用用户自定义函数，必须遵循：先定义、后声明、再使用的步骤

4. 函数的定义

```
类型标识符  函数名（形式参数表列）
{ 变量声明序列 ;
执行语句序列 ;
}
```

如：
```
int min(int a,int b)
{ if(a<b)  return a;
else   return b;
}
```

5. 函数的参数

（1）函数调用时，在主调函数与被调函数中会出现一些参数。其中，在主调函数中出现的参数称为实参，在被调函数中出现的参数称为形参。

（2）形参和实参的功能是完成数据传送。发生函数调用时，主调函数把实参的值传递给被调函数的形参，从而实现主调函数向被调函数传递数据。

（3）实参和形参在数量、类型、顺序上应一一对应。若形参与实参类型不一致，函数调用时自动按形参类型转换。

（4）函数调用中发生的数据传递是单向的，即只能把实参的值传递给形参，而不能把形参的值反向地传递给实参。因此在函数调用过程中，形参的值发生改变时，实参中的值不会发生变化。

如：
```
int exchange (int a,int b)          /* a、b 称为形参*/
{ int t;
  if(a<b) {t=a;  a=b;  b=t;}
  printf("a=%d,b=%d\n",a,b);
}
main()
{  int x=5,y=10,z;
   exchange(x,y);                  /*x、y 称为实参*/
   printf("x=%d,y=%d\n",x,y);
}
```

在以上程序中，变量 x、y 是实参，变量 a、b 是形参。实参是两个整型变量，则形参在定义时也必须是两个整型变量。函数调用时，将实参变量 x、y 的值 5、10 分别传递给形参变量 a、b，则 a=5，b=10。在 exchange 函数中对 a、b 的值进行了交换，输出 a=10,b=5，回到主程序中，输出 x=5,y=10。

（5）根据实参类型的不同，参数传递分为值传递和址传递。用基本类型的变量如整型变量、实型变量作为实参，属于值传递。用数组名作为实参，属于址传递。

6. 函数的返回值

（1）函数的返回值是通过 return 语句得到的。

（2）return 语句的格式：return 表达式；　　或　　return (表达式);

（3）返回值的类型：在定义函数时指定函数值的类型。如 int max （float x，float y）。函数定义中，函数的类型应与 renturn 语句中的表达式类型保持一致，若不一致，则以函数的类型为准，函数调用时自动进行类型转换。

7. 函数的声明

（1）声明方式：

类型说明符　　被调函数名 (类型　形参，类型　形参，…)；

如：`float add (float x,float y);`

或为：类型说明符　　被调函数名 (类型，类型，…)；

如：float add (float, float);

（2）以下三种情况可以省去在主调函数中对被调函数的函数声明。

① 被调函数的返回值是整型或字符型时。

② 被调函数的函数定义出现在主调函数之前。

③ 在所有函数定义之前，在函数外预先说明了各个函数的类型，则在以后的各主调函数中，可不再对被调函数作声明。

8. 函数的调用形式

（1）有返回值的函数：变量=函数名([实参表列])；如：z=min(x,y);

（2）无返回值的函数：函数名([实参表列])；如： min(x,y);

9. 函数的递归调用

（1）递归调用的定义：在调用一个函数的过程中又出现直接或间接地调用该函数本身的情况，称为函数的递归调用。

（2）递归调用的格式：

```
if(递归终止条件)    return(终止条件下的值);
else               return(递归公式);
```

10. 变量的作用域与生存期

	局部变量			全局变量	
存储类别	auto	register	局部 static	外部 static	外部
存储方式	动态		静态		
存储区	动态区	寄存器	静态存储区		
生存期	函数调用开始至结束		程序整个运行期间		
作用域	定义变量的函数或复合语句内			本文件	其他文件
赋初值	每次函数调用时		编译时赋初值，只赋一次		
未赋初值	不确定		自动赋初值 0 或空字符		

10.4　实验内容

10.4.1　知识点练习

1. 形参的写法

```
#include <stdio.h>
float f(a, b)
{ float value;
  value=a/b;
  return value;
}
void main()
{ float x,y,z,sum;
  scanf("%f%f%f",&x,&y,&z);
  sum=f(x,y)+f(z,y);
  printf("sum=%f\n",sum);
}
```

回答：程序在编译时为何出错？形参应如何修改？

2. 函数返回值的类型

```
#include <stdio.h>
f(float x,int y)
{ if(x>y)  return(x/y);
  else return(x*y);
}
void main()
{ float a,c;
  int b;
  scanf("%f%d ",&a,&b);
  c=f(a,b);
  printf("c=%f\n",c);
}
```

回答：程序在编译时为何出错？函数返回值的类型是什么？能否省略？

3. 函数的声明

```
#include <stdio.h>
void main()
{ int a=5;
  fun(a);
  printf("%d",a);
}
fun(int p)
{ int a=10;
  p=a;
}
```

回答：程序在编译时为何出错？使用被调函数前是否需要声明？

4. 传址

```
#include <stdio.h>
void main()
{ void fun(int p);
  int a[]={0,1};
  fun(a);
  printf("%d %d",a[0],a[1]);
}
void fun(int p[])
{ p[0]=10;
  p[1]=20;
}
```

回答：程序运行结束后，主程序中数组 a 的值是否发生改变？对比上一题，区分值传递和址传递的区别。

5. 全局变量与局部变量同名

```
#include <stdio.h>
int  m=13;
int  fun( int x,  int  y)
{ int m=3;
  return( x*y-m);
}
void main( )
{ int a=7,b=5;
  printf("%d\n", fun(a,b)/m);
}
```

回答：在被调函数 fun 中出现的 m 是局部变量还是全局变量？在 main 主函数中出现的 m 是全局变量还是局部变量？

6. 静态局部变量

```
#include <stdio.h>
int f(void)
{ static int i = 0;
  int s =1;
  s += i;
  i++;
  return (s);
}
void main()
{ int i, a = 0;
  for (i=0; i<5; i++)  a += f();
  printf("%d\n", a);
}
```

回答：每次调用 fun 函数时，静态局部变量 i 的初值分别是多少？

10.4.2　阅读程序

（1）
```
#include "stdio.h"
void main()
{ int x,y,z,t,m;
  scanf("%d,%d,%d",&x,&y,&z);
  t = max(x,y);
  m = max(t,z);
  printf("%d",m);
}
max(int a,int b)
{ if (a > b)   return(a);
  else  return(b);
}
```

该程序的输出结果：________________

（2）
```
#include "stdio.h"
void f(int x,int y)
{ star(x);   star(y);
}
void star(int n)
{ int i;
  for (i=1;i<=n;i++)
        printf("*");
  printf("\n");
}
void main()
{ int n1,n2;
  scanf("%d,%d",&n1,&n2);
  f(n1,n2);
}
```

该程序的输出结果：________________

（3）
```
#include "stdio.h"
void s(int n)        /*定义 s()函数，n 为形参*/
```

```
{ int i;
  for(i=n-1;i>=1;i--)
      n=n+i;
  printf("XingCan  n=%d\n",n);
}
void main()
{ int n;
  printf("input number\n");
  scanf("%d",&n);                              // 输入100，观察结果
  s(n);
  printf("ShiCan n=%d\n",n);
}
```

该程序的输出结果：________________

（4）

```
#include "stdio.h"
void swap(int x ,int y)
{ int z;
  z=x;x=y;y=z;
  printf("x=%d,y=%d\n",x,y);
}
void main()
{ int a=3,b=4;
  swap(a,b);
  printf("a=%d,b=%d\n",a,b);
}
```

该程序的输出结果：________________

（5）

```
#include "stdio.h"
void swap(int a ,int b )
{ int t;
   t=a;a=b;b=t;
}
void main()
{ int a[2]={3,4};
  swap(a[0],a[1]);
  printf("%d %d ",a[0],a[1]);
}
```

该程序的输出结果：________________

（6）

```
#include "stdio.h"
void swap(int c0[],int c1[])
{ int t;
  t=c0[0];c0[0]=c1[0];c1[0]=t;
}
void main()
{ int a[2]={3,4};
  swap(a,a+1);
  printf("%d %d ",a[0],a[1]);
}
```

该程序的输出结果：________________

对比（4）、（5）、（6）题的结果，分析结果相同或不相同的原因。

（7）
```
#include "stdio.h"
int a = 10;
viod f()
{   int a=20;
}
void main()
{  a++;
   f();
   printf("a=%d\n",a);
}
```

该程序的输出结果：________

（8）
```
#include "stdio.h"
int d=1;
void fun(int p)
{ int d=5;
  d+=p++;
  printf("%d",d);
}
void main()
{ int a=3;
  fun(a);
  d+=a++;
  printf("%d",d);
}
```

该程序的输出结果：________

（9）
```
#include "stdio.h"
void f(int c)
{ int a=0;
  static int b=0;
  a++;
  b++;
  printf("%d: a=%d, b=%d\n", c, a, b);
}
void main()
{ int  i;
  for (i=1; i<=3; i++)   f( i );
}
```

该程序的输出结果：________

10.4.3　程序填空

（1）下面程序的功能是：输入一个 ASCII 码值，输出从该 ASCII 码开始的连续 10 个字符。在横线处填写正确的语句或表达式，使程序完整。上机调试程序，使程序的运行结果如图 10-1 所示。

```
#include "stdio.h"
void put (________n)
{ int i,a;
  for(i=1;__________;i++)
      {  a=n+i-1;
         putchar(__________);
      }
  putchar('\n');
```

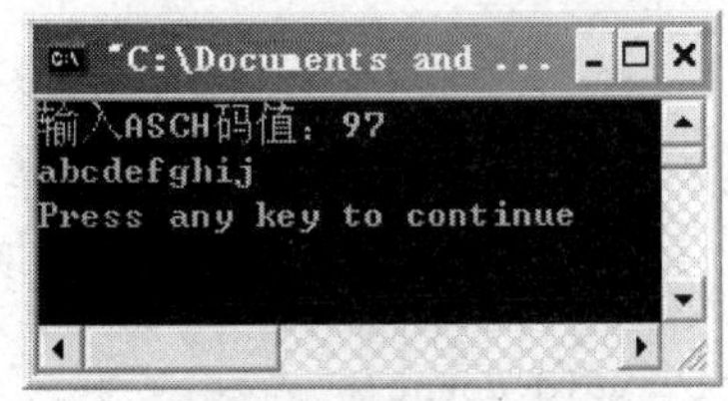

图 10-1　程序的运行结果

```
}
void main()
{ int ascii;                          /*  变量ascii存放输入的ASCH码值  */
  printf("输入ASCH码值：");
  ________________;
  put(___________);                   /*  调用put函数  */
}
```

（2）用递归方法实现将输入小于 32 768 的整数按逆序输出。如输入 12 345，则输出 54 321。上机调试程序，使程序的运行结果如图 10-2 所示。

```
#include"stdio.h"
void r(int m)
{ printf("%d",_________);
  m=________________;
  if(________________)    ________________;
}
void main()
{ int n;
  printf("Input n: ");
  scanf("%d",_____);
  r(n);
  printf("\n");
}
```

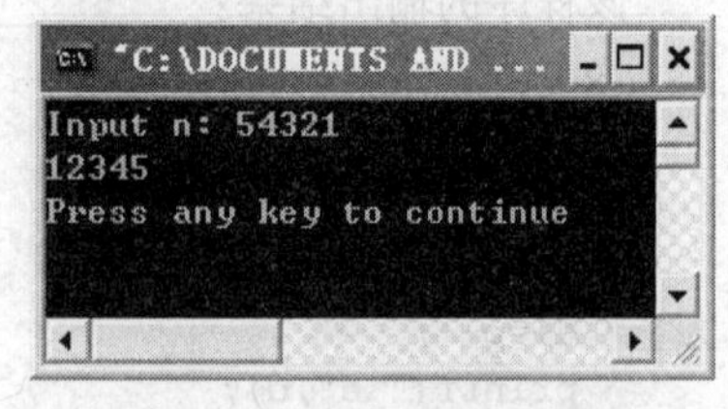

图 10-2　程序的运行结果

该题用非递归的方式实现如下：

```
#include "stdio.h"
void main()
{ int a;
  scanf("%d",&a);
  while(a)
    { printf("%2d",a%10);    a=a/10;}
}
```

（3）输入一个字符串，统计字符串中字母、数字、空格和其他字符的个数。上机调试程序，使程序的运行结果如图 10-3 所示。

"C:\DOCUMENTS AND SETTINGS...
输入一个字符串：
78yut5 == u8

4字母 , 4 数字， 2 空格， 2 其他字符
Press any key to continue

图 10-3　程序的运行结果

```
int alph ,digit, space, others;
#include "stdio.h"
#include "string.h"
void main()
{ char text[80];
  printf("\n输入一个字符串：\n");
  gets(text);
  alph=0;                                      // 存放字母的个数
  digit=0;                                     // 存放数字的个数
  space=0;                                     // 存放空格的个数
  others=0;                                    // 存放其他字符的个数
  count(__________);
  printf("\n  %d字母 , %d 数字， %d 空格， %d 其他字符\n", alph ,digit, space, others);
}
void count(__________)
{ int i;
```

```
    for(i=0;____________________;i++)
      { ______________________________________ alph++;
        ______________________________________digit++;
        ______________________________________space ++;
        ______________________________________others ++;
      }
}
```

为什么将 alph ,digit, space, others 定义成为全局变量？如果不定义成全局变量，程序应该怎么实现？

（4）写一函数，使给定的一个二维数组（3*3）转置，即行列互换。上机调试程序，使程序的运行结果如图 10-4 所示。

```
#define  N  3
#include "stdio.h"
void convert(int array[3][3])_
{ int i,j,t;
  for(i=0;i<N;i++)
  for(j=_______;j<_______;j++)
      { ____________________;   /*将 i 行 j 列的元素与 j 行 i 列的元素交换*/
        ____________________;
        ____________________;
      }
}
void main()
{ int i , j, array[3][3];
  printf("输入数组元素: ");
        for(____________________)
          for(____________________)
              scanf("%d",____________________);
  printf("\n转置前的二维数组是: \n");
        for(____________________)
         {  for(____________________)
              printf("%5d",____________);
           ____________________;
         }
  convert(array);
  printf("转置后的二维数组是: \n");
        for(____________________)
          { for(____________________)
              printf("%5d",____________________);
            ____________________;
          }
}
```

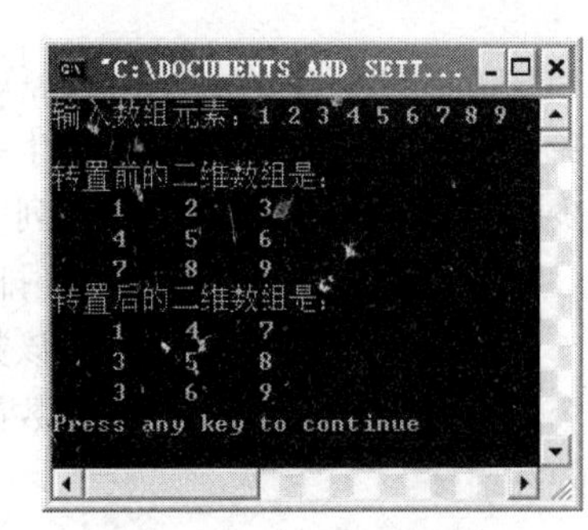

图 10-4 程序的运行结果

10.5 目标程序

用递归的方法求每个人的年龄。程序的运行结果如图 10-5 所示。

```
#include<stdio.h>
int age(int n)                  /* n 表示第几个人。n 为 1 时，求第一个人的年龄；n
{                                  为 5 时，求第 5 个人的年龄*/
```

```
}
void main()
{ printf("Age of the first person is %d\n ",age(1));
  printf("Age of the first person is %d\n ",age(2));
  printf("Age of the first person is %d\n ",age(3));
  printf("Age of the first person is %d\n ",age(4));
  printf("Age of the first person is %d\n ",age(5));
}
```

```
"C:\Documents and Setting...
Age of the first person is 10
 Age of the first person is 12
 Age of the first person is 14
 Age of the first person is 16
 Age of the first person is 18
 Press any key to continue
```

图 10-5　程序的运行结果

提示

递归公式如下：

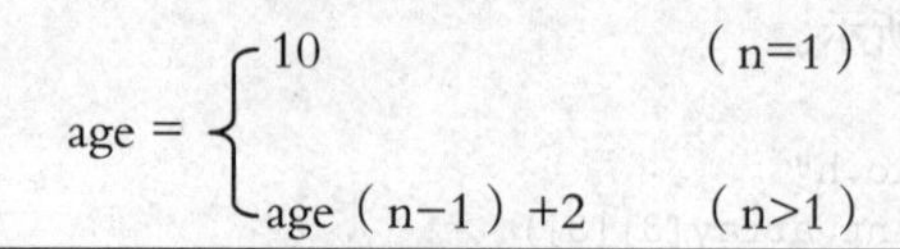

$$age = \begin{cases} 10 & (n=1) \\ age(n-1)+2 & (n>1) \end{cases}$$

10.6　编程提高

1. 用递归法编程求兔子的总数。有一对兔子，从出生后第 3 个月起每个月都生一对兔子，小兔子长到第三个月后每个月又生一对兔子。假如兔子都不死，问：第三年每个月的兔子总数为多少？（提示：兔子的规律为数列 1,1,2,3,5,8,13,21,…）

2. 编写函数，从一个已经排序的数组中删去某数后，该数组仍然有序。

提示：要分 3 种情况：若该数是数组中的最后一个数，则直接删除；若该数是数组中的第一个数，则将它删除后，其余的数都要往前移；若该数在数组的中间，则将它删除后，后面的数都要往前移。

10.7　问题讨论

1. 函数在什么情况下需要声明？如何声明？

函数的返回值不是基本整型或字符型，且函数的定义在主调函数之后。

声明函数应在主调函数的定义变量部分写明函数的类型、函数名、参数类型以及参数名（也就是函数的首部）。

2. 使用函数应注意哪些问题？

第一，函数应先定义后使用。

第二，使用函数如果是库函数，则需要使用文件包含命令，把相应的头文件包含进去。若是用户自定义函数，则需要分情况对函数进行声明。

第三，定义函数（有参数时）时，必须指定形参的类型，且调用函数时实参与形参类型应匹配。

第四，调用函数时，实参必须有确切的值。

第五，函数通过 return 语句返回函数值，有且只有一个返回值，而且返回值以定义函数指定的类型为准。

实验 11 指针

——统计选票

11.1 目的和要求

（1）了解指针的作用与特点；

（2）掌握指针类型变量的定义和引用方法；

（3）能正确使用数组的指针和指向数组的指针变量；

（4）能正确使用字符串的指针和指向字符串的指针变量；

11.2 应用实例

通过以下实验对知识点的讲解和练习，独立完成应用实例。

统计选票：现有一个 10 个人 10 行的选票数据存放于字符数组 xx 中，其数据存放的格式是每条记录的长度均为 10 位，第一位表示第一个人的选中情况，第二位表示第二个人的选中情况，依此类推：内容均为字符 0 和 1，1 表示此人被选中，0 表示此人未被选中，当一张选票所选人数小于等于 5 个人时被认为是无效的选票。

11.3 知识回顾

1. 指针的概念

指针就是地址。在计算机中，所有的数据都存储在存储器中，占用一定的存储单元，即地址。

2. 指针的定义

类型标识符　　* 指针变量名；

如 `int *p;  /*定义了一个指向整型数据的指针*/`

3. 指针变量赋值

```
int i;                                int i;
int *p=&i;                            int *p;
                                      p=&i
```

4. 指针与一维数组

（1）指向一维数组的指针变量

```
int  a[10];
int  *p;p=&a[0];                 //或者 p=a;
```

（2）一维数组中元素的表示方式

下标表示法：a[0]、a[1]……

指针表示法：如果指针 p 指向数组 a，则可以用 p[0]、p[1]……表示数组中的元素。

如果指针 p 指向数组 a，则 a[0]可以表示为*p，a[1]可以表示为*(p+1)……

5. 指针与二维数组

（1）指向二维数组的指针变量的定义

```
类型说明符   (*指针名)[长度]
```

如：`int a[3][4], (*p)[4]=a;`

（2）二维数组中元素的表示方式

① 如有如上定义，即指针 p 是指向二维数组的指针变量，则 p 为行指针，即 p+1 指向下一行。

② 数组中的元素 a[0][0]可以用*p 表示，a[1][0]可以用*(p+1)表示，a[2][0]可以用*(p+2)表示，a[0][1]可以用*(*p+1)表示，a[1][1]可以用*(*(p+1)+1)表示，a[2][1]可以用*(*(p+2))表示。其中，括号里的“*”功能是将行指针转换成列指针，括号外的“*”含义是该地址中的内容。

6. 指针与字符串

字符串的两种表示形式：

```
char string[]="I love China!";               char  *string="I  love China!";
printf("%s\n",string);                       printf("%s\n",string);
```

7. 指向函数的指针

（1）定义形式：

```
数据类型   (*指针变量名) (函数参数列表);
```

如 `int  (*p)(int, int);`   //p 是一个指向函数的指针，该函数有两个 int 类型的参数，且返回值为 int 类型的数据

（2）赋值。如果有函数 int max(int a,int b) {……}，则 p=max 表示指针 p 指向函数 max 的入口地址。

8. 指针函数

如果一个函数的返回值是指针型数据，则该函数为指针函数。

定义形式：
```
类型名 *函数名(形参列表)
{  函数体  }
```

9. 指针数组

一个数组，若其元素均为指针类型数据，称为指针数组。

定义形式：`类型名   *指针数组名[数组长度],`

如：`int *p[10],   char`

10. 指向指针的指针

定义形式：数据类型　**指针变量名

如：char　**p 表示 p 是指向一个字符指针的指针

11.4　实验内容

11.4.1　知识点练习

1. 不能用非地址值给指针变量赋值

```
#include "stdio.h"
void main()
{ int *p,a;
  p=100;
  printf("p=%d\n",p);
  p=&a;
  printf("p=%p\n",p);
}
```

该程序的第四行 p=100，这种写法虽然运行时不会报错，但写法不合理，不能把一个非地址值赋给一个指针变量。正确方法同第六行 p=&a。

2. 不能将指针变量指向与其类型不同的变量

```
#include "stdio.h"
void main()
{ int *p;
  float a=10.5;
  p=&a;
  printf("*p=%d\n",*p);
  printf("*p=%f\n",*p);
}
```

- 观察程序的运行结果，思考：程序哪里出错了？

3. 指针变量必须先赋值再使用

```
#include "stdio.h"
void main()
{ char *s;
  gets(s);
  printf("%s\n",s);
}
```

语句 char *s;仅仅是定义 s 为字符型指针变量，并没有将指针 s 指向一个指定的内存空间。这个动作是非常危险的，可能会导致系统瘫痪。应该为：

```
#include "stdio.h"
void main()
{ char str[80],*s=str;
  gets(s);
  printf("%s\n",s);
}
```

11.4.2 阅读程序

(1)
```
#include <stdio.h>
int f(char *s)          /*该函数返回值为 int，形参为字符指针，用来接收实参数组的起始地址*/
{ char *p=s;            /*定义指针变量 p，并赋值为字符串的起始地址 */
  while(*p!='\0')       /*若当前字符不是'\0'，则表示字符串没有结束，继续循环*/
    p++;
return(p-s);            /* 循环结束后，指针变量 p 指向串结束标志'\0'的地址，而指针变量 s 指向串的起
                           始地址，因此 p-s 即为串的长度 */
}
void main()
{ char str[80];
  printf("请输入一字符串:");
  gets(str);
  printf("字符串的长度为:%d\n",f(str));
}
```

该程序的功能：____________________

(2)
```
#include <conio.h>
#include <stdio.h>
#define  M 81
int num(char *ss,char c)                  /*思考 char *ss 还有哪些形式*/
{ int i,cnt;
  cnt=0;                                  /*初值为 0*/
  for (i=0;i<M;i++)
        if (ss[i]==c) cnt++;              /*思考 ss[i]还可以写成什么*/
  return cnt;
}
void main()
{ char a[M],ch;
  printf("\nPlease enter a string:");gets(a);
  printf("\nPlease enter a char:");ch=getchar();
  printf("\nThe number of the char is:%d\n",num(a,ch));
}
```

该程序的功能：____________________

(3)
```
#include <stdio.h>
#define M 4
int fun (int a[][M])                      /*思考 int a[][M]还可以写成哪种形式*/
{ int i,j,max=a[0][0];                    /*思考 a[0][0]还有哪些形式*/
  for(i=0;i<2;i++)
       for(j=0;j<M;j++)
          if(max<a[i][j])                 /*思考 a[i][j]还有哪些形式*/
             max=a[i][j];
  return max;
}
void main( )
{ int arr[2][M]={5,8,3,45,76,-4,12,82} ;
  printf("max =%d\n", fun(arr)) ;
}
```

该程序的功能：____________________

（4）
```
#include <stdio.h>
#define M 4
void  fun  (int a[][M],int *t)
{ int i,j,*t=a[0][0];
  for(i=0;i<2;i++)
      for(j=0;j<M;j++)
          if(*t<a[i][j])
             *t=a[i][j];
}
void main( )
{  int arr[2][M]={5,8,3,45,76,-4,12,82} ;
   printf("max =%d\n", fun(arr)) ;
}
```

该程序的功能：________________

思考

（3）和（4）有什么区别？

（5）
```
#include <stdio.h>
void  fun( float  *a ,  int  n,int  *t )
{ int i;
  float av=0.0;
  for(i=0; i<n;i++)
     av=av+a[i];
  *t=av/n;
}
void main()
{ float score[30]={90.5, 72, 80, 61.5, 55}, aver;
  fun( score, 5,&aver );
  printf( "\nAverage score  is: %5.2f\n", aver);
}
```

该程序的功能：________________

11.4.3 程序填空

（1）下列程序的功能是：把 s 字符串中的所有字母改写成该字母的下一个字符，字母 z 改写成字母 a。要求大写字母仍为大写字母，小写字母仍为小写字母，其他字符不改变。请编写函数 chg(char *s)实现程序的要求。程序的输出结果如图 11-1 所示。

```
#include <string.h>
#include <stdio.h>
#include <ctype.h>
#define N 81
void chg(char *s)
{ int i,j,k;
  for(j=0; ______________;j++)              /*用来判断字符串是否结束*/
      if(______________)                    /*判断是否是大小写字母，注意不包括'z'和'Z'*/
          *(s+j)+=1;                        /*改写为下一个字符     */
      else if(*(s+j)==122)                  /*判断是否是'z'*/
          *(s+j)=97;                        /*如果是'z'，则改写为'a'*/
     else if(______________ )
          ______________ ;                  /*判断是否是'Z'，如果是'Z'，则改写为'A'*/
```

```
}
void main()
{ char a[N];
  printf("Enter a string:");
  gets(a);
  printf("The original string is:");
  puts(a);
  chg(a);
  printf("The string after modified:");
  puts(a);
}
```

（2）下列给定程序中函数 fun 的功能是：删除 s 所指字符中所有的小写字母 c 。运行结果如图 11-2 所示。

```
#include <stdio.h>
void  fun( char  *s )
{   int  i,j;
    for(i=j=0; s[i]!='\0'; i++)
      if(s[i]!='c')
  { _______________;
    _______________;
  }
   _______________;
}
void main()
{  char  s[80];
   printf("Enter a string:      ");
   _______________;
   printf("The original string:  "); puts(s);
   fun(s);
   printf("The string after deleted :  ");
   _______________;
}
```

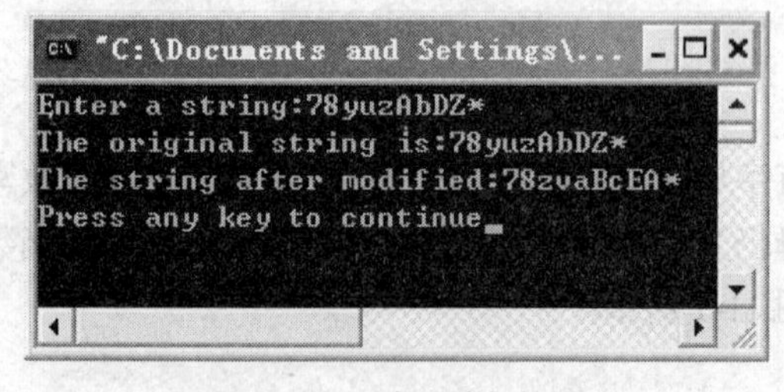

图 11-1　程序的输出结果

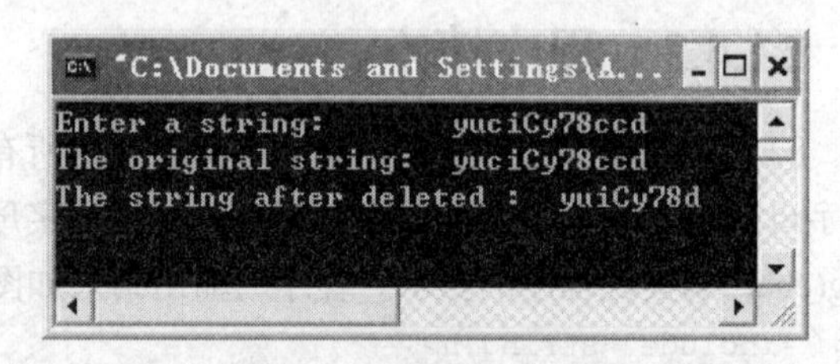

图 11-2　程序的输出结果

（3）已知数组 a 中存有 15 个四位数，请编制一函数 jsValue()，其功能是：求出千位数字加个位数字等于百位数字加十位数字的个数 cnt，再求出所有满足此条件的四位数平均值 pjz1，以及不满足此条件的四位数平均值 pjz2。程序的输出结果如图 11-3 所示。

```
#include <stdio.h>
double pjz1=0.0,pjz2=0.0;                    /*思考为什么把两个平均值设为全局变量*/
int jsValue(int *a,int n)
{ int i,th,hu,te,da,cnt=0;
  for(i=0;i<n;i++)
  {  th=____________________;               /*求千位上的数字*/
     hu=____________________;               /*求百位上的数字*/
```

```
        te=_____________________;          /*求十位上的数字*/
        da=_____________________;          /*求个位上的数字*/
        if(_____________________)
        { cnt++;
          pjz1=pjz1+a[i];                  /*求满足条件的数的总和*/
        }
        else
        { ____________________;}           /*求不满足条件的数的总和*/
    }
    if(cnt==0)  pjz1=0;
    else
       pjz1=pjz1/cnt;
    if((300-cnt)==0)   pjz2=0;
    else
       pjz2=pjz2/(300-cnt);
    return  cnt;                           /*返回满足条件的数的个数*/
  }
  void main()
  { int i,cnt;
    int a[15]={2051,1436,2806,1679,3770,4818,3885,4380,2715,3405,3752,1532,3750, 3983,
3709};
    cnt=jsValue(a,15);
    printf("cnt=%d\n 满足条件的平均值 pzjl=%7.2f\n 不满足条件的平均值
    pzj2= %7.2f\n", cnt,pjz1,pjz2);
  }
```

（4）下面程序的功能是：输入一个阿拉伯数字序列，输出其对应的汉字大写形式。程序的输出结果如图 11-4 所示。

```
  #include <stdio.h>
  void main()
  { char *n,a[100];
    char *s[]={"零","壹","贰","叁","肆","伍","陆","柒","捌","玖"};
    int i,x,len;
    n=___________;
    printf("输入一串阿拉伯数字：\n");
    gets(n);
    len=strlen(n);                 /*求输入的字符串的长度*/
    for(i=0;___________;i++)       /* 如果输入字符串没有到达串尾，则循环*/
    { x=*(n+i)-48;                 /*  48 为字符"0"的 ASCII 码，将输入的数字字符转换为数字  */
      printf("%s",___________);    /*输入该数字对应的汉字*/
    }
  }
```

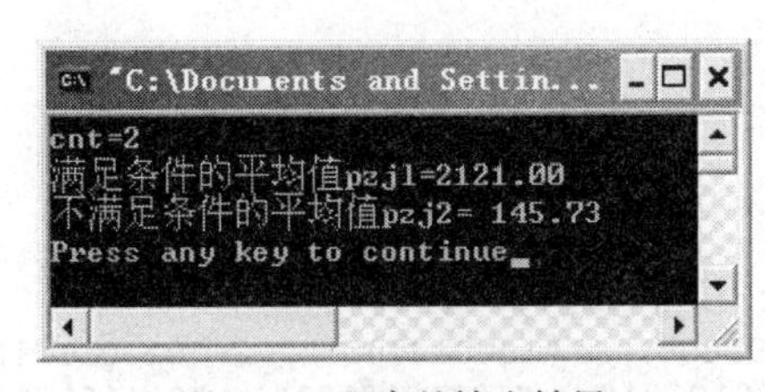

图 11-3　程序的输出结果

图 11-4　程序的输出结果

11.5 目标程序

统计选票。部分程序代码如下，函数 CountRs()用来统计每个人的选票数并把得票数依次存入 yy[0]到 yy[9]中。程序的输出结果如图 11-5 所示。

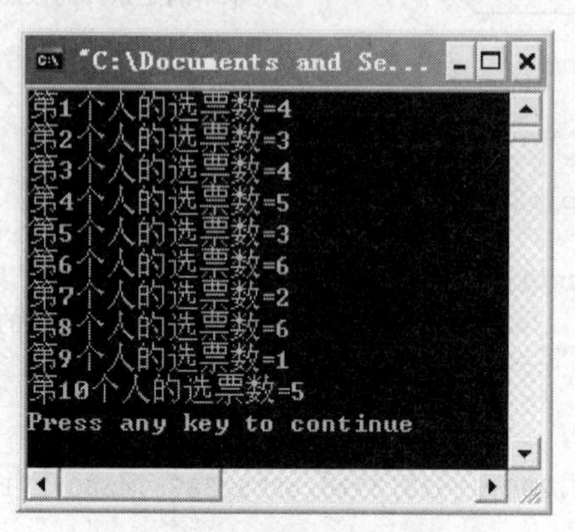

图 11-5 程序的输出结果

```
#include <stdio.h>
void CountRs(char (*xx)[11],int *yy,int n)     /*xx 为指向一维数组的指针变量，n 表示选票的行数*/
{ int i,j,cnt;
  char *pch;
   for(i = 0; i < n; i++)
     {

     }                                          //每个人的选票数赋初值为 0
for(i = 0; i < n; i++)
{ cnt = 0;                                      /*cnt 为统计这张选票所选的人数*/
     pch = xx[i];                               /*或者 pch = *(xx+i)*/
     while (*pch!='\0')
     {

     }
  if(cnt <= 5)  /*小于等于 5 人，无效，结束本次循环（下面的 for(j)不做），进行下一次 for(i)循环
*/
     continue;
for(j = 0; xx[i][j]!='\0'; j++)                /*统计有效票*/
  {

  }
 }
}
void main()
{ int i;
  char   xx[10][11]={"1010110100",    "1111010100",    "1000100011",    "0110111101",
"1001110110", "0000111000", "1001111101", "1111010101", "1011010101", "0111010101",
"0000111001", "1001110001"};                   //数组 xx 中存放选票
 int yy[10];
```

```
    CountRs(xx,yy,10);
    for(i=0;i<10;i++)
        printf("第%d个人的选票数=%d\n",i+1,yy[i]);
}
```

11.6 编程提高

1. 编程：将 tt 所指字符串中的小写字母全部改为对应的大写字母，其他字符不变。例如，若输入"Ab，cD"，则输出"AB，CD"。

2. 编程：删除数列中值为 x（x 的值由用户输入）的元素，如果数列中没有值为 x 的元素，则返回值为-1，否则返回删除后数组元素的个数。变量 n 中存放数列中元素的个数。

3. 编程：在数列中添加值为 x（x 的值由用户输入）的元素，且不影响数组原有的排序。

11.7 问题讨论

1. 定义指针变量时应该注意哪些问题?

第一，普通变量的类型一定要和指针变量的类型一致。

第二，指针变量在使用之前一定要先赋值。

2. 已知定义：

```
int a[10]={1,2,3,4,5,6,7,8,9,10};
int *p=a,t;
```

则 t=*++p 与 t=*p++有哪些区别?

答：首先说*++p：*和++运算符优先级相同，结合方向是从右向左，故而，*++p 和*(++p)是等价的。*(++p)中先算++p，由于++在前，所以先加后用，因此先执行 p=p+1(p 指向 a[1])，然后使用 p 和*结合构成*p(取 a[1]的值)，因此，t 的值为 2。

然后说*p++：同理，*p++和*(p++)等价。*(p++)中，先算 p++，由于 p 在前，故而先用后加，所以要用 p 和*结合构成*p(取 a[0]的值)赋给 t，然后执行 p=p+1(p 指向 a[1])，因此，t 的值为 1。

实验 12 结构体与共用体——制作产品销售记录

12.1 目的和要求

（1）掌握结构体变量的定义和使用；
（2）掌握结构体类型数组的概念和使用；
（3）掌握链表的概念与使用；
（4）掌握共用体的概念与使用。

12.2 应用实例

通过以下实验对知识点的讲解和练习，独立完成应用实例。

制作产品销售记录：产品销售记录由产品代码 dm（字符型 4 位）、产品名称 mc（字符型 10 位）、单价 dj（整型）、数量 sl（整型）、金额 je（长整型）五部分组成。其中，金额=单价*数量。程序功能：输入产品销售记录，计算产品销售金额，按产品销售金额从高到低输出产品销售记录。

12.3 知识回顾

结构体类型为构造数据类型，需要先定义类型，再声明结构体类型的变量、数组和指针变量。

1．结构体类型的定义

结构体类型定义的一般形式：

```
struct  [结构体名]
{    成员列表;
};
```

例如：

```
struct  xsxjb                                    // xsxjb 是结构体名
{ int  num;                                      // num 称为成员
```

```
    char  name[10];
    char  sex;
    int  age;
    float  math;
    float  eng;
    int  aver;
};
```

结构体类型名为 struct　xsxjb。

2. 结构体变量的声明及使用

（1）结构体变量的声明

结构体变量定义的一般形式：结构体类型名　结构体变量名;

例如，定义结构体类型变量 student1,student2 有以下三种形式。

形式 1：先定义类型再定义变量。

```
struct  xsxjb                // xsxjb 是结构体名
{ int  num;                  // num 称为成员
  char  name[10];
  char  sex;
  int  age;
  float  math;
  float  eng;
  int  aver;
};
struct  xsxjb  student1,student2;
```

形式 2：定义类型的同时定义变量。

```
struct  xsxjb                // xsxjb 是结构体名
{ int  num;                  // num 称为成员
  char  name[10];
  char  sex;
  int  age;
  float  math;
  float  eng;
  int  aver;
}student1,student2;
```

形式 3：直接声明无名结构体变量。

```
struct
{ int  num;                  // num 称为成员
  char  name[10];
  char  sex;
  int  age;
  float  math;
  float  eng;
  int  aver;
}student1,student2;
```

结构体变量所占的存储空间为各成员所占存储空间之和，结构体变量 student1 所占的内存空间为 2+10+1+2+4+4+2=25 个字节。结构体变量各成员在内存中占用连续的存储单元，结构体变量的首地址与第一个结构体变量成员的首地址相同。

（2）结构体变量的初始化

```
struct xsxjb student1={112,"wanglin",'M',19,98,82,90};
```

（3）结构体变量的引用

结构体变量定义完成后，就可以引用这个变量了。但结构体变量不能整体引用，只能引用其成员变量。一般形式为：

结构体变量名.成员名

如：`student1.age=18;`

可以将一个结构体变量赋值给另一个结构体变量。如：`student1=student2;`

3. 结构体数组

（1）结构体数组的声明

结构体数组的声明与结构体变量的声明一样，有三种形式。

声明结构体类型 xsxjb 的数组 s，该数组有 3 个元素。其声明形式为：struct xsxjb　s[3];

（2）结构体数组的初始化

```
struct xsxjb stu[2]={{112,"wanglin",'M',19,98,82,90},{113,"wanghong",'W',19,89,93,91}};
struct xsxjb stu[2]={112,"wanglin",'M',19,98,82,90,113,"wanghong",'W',19,89,93,91};
```

（3）结构体数组的引用

结构体数组元素的引用类似于结构体变量的引用，只是要用结构体数组元素来代替结构体变量，其他规则不变。其引用形式为：

结构体数组名[下标].成员名

如：`stu[1].name`

4. 结构体指针变量

（1）指向结构体的指针变量的声明

声明一般形式：

struct 结构体类型名 *结构体指针变量名表列;

如：`struct  xsxjb  *ps,stu1,stu[10]; //` 声明 ps 为指向结构体变量的指针

（2）指向结构体变量的指针的引用

指向结构体变量的指针的引用有三种形式：

结构体指针变量名->成员名# (*结构体指针变量名).成员名#结构体变量名.成员名

其中，“->”是指向运算符，优先级为一级。这三种用于表示结构体成员的形式是等效的。如：ps->num < = >　(*ps).num < = > stu1.num

5. 结构体作为函数参数

结构体变量作为函数参数是单向的多值传递，效率低下，一般不建议使用。

结构指针变量作为函数是地址传递。

6. 链表

链表是特殊结构体。链表由 0 个或多个节点组成，每个节点除了存放数据外，还存放了下一个节点的地址。

12.4 实验内容

12.4.1 知识点练习

1. 设有如下定义：

```
struct sk
{  int n;
```

```
    float  x;
  }data ,*p;
```

若要使 p 指向 data 中的 n 域，正确的赋值语句是________。

（A）p=&data.n;　　　　（B）*p=data.n;

（C）p=(struct sk *)&data.n;　　　　（D）p=(struct sk *)data.n;

2. 对以下结构体变量 stu1 中成员 age 的非法引用是________。

```
struct  student
{  int age;
   int num;
 }stu1,*p;
 p=&stu1;
```

（A）stu1.age　　（B）student.age　　（C）p->age　　（D）(*p).age

3. 下面对 typedef 的叙述中不正确的是________。

（A）用 typedef 可以定义各种类型名，但不能用来定义变量

（B）用 typedef 可以增加新类型

（C）用 typedef 只是将已存在的类型用一个新的标识符来代表

（D）使用 typedef 有利于程序的通用和移植

12.4.2　阅读程序

（1）程序通过定义学生结构体变量，存储学生的学号、姓名和 3 门课的成绩。

```
#include  <stdio.h>
#include  <string.h>
struct student
{ long  sno;                              /*学号*/
  char  name[10];                         /*姓名*/
  float  score[3];                        /*3 门课成绩*/
};
void fun( struct student  *b)
{ b->sno = 10004;                         /* 思考 b->sno 还有哪些形式 */
  strcpy(b->name, "LiJie");
}
void main()
{  struct student  t={10002,"ZhangQi", 93, 85, 87};
   int  i;
   printf("\n\nThe original data :\n");
   printf("\nNo: %ld  Name: %s\nScores:  ",t.sno, t.name);
   for (i=0; i<3; i++)  printf("%6.2f ", t.score[i]);
   printf("\n");
   fun(&t);
   printf("\nThe data after modified :\n");
   printf("\nNo: %ld  Name: %s\nScores:  ",t.sno, t.name);
   for (i=0; i<3; i++)
          printf("%6.2f ", t.score[i]);
   printf("\n");
 }
```

程序的运行结果：________________

（2）
```
#define N 4
#include "stdio.h"
```

```
static struct man
{ char name[20];
  int age;
} person[N]={"li",18,"wang",19,"zhang",20,"sun",22};
void main()
{ struct man *q,*p;
  int i,m=0;
  p=person;
  for (i=0;i<N;i++)
  {  if(m<p->age)
     q=p++;
     m=q->age;
  }
  printf("%s,%d",(*q).name,(*q).age);
}
```

程序的运行结果：________________

（3）

```
#include <stdio.h>
void  main()
{  union EXAMPLE
  {  struct
    {  int x,y; }in;
  int a,b;
  }e;
  e.a=1;e.b=2;
  e.in.x=e.a*e.b;
  e.in.y=e.a+e.b;
  printf("%d,%d\n",e.in.x,e.in.y);
}
```

该程序的输出结果：________________

12.4.3 程序填空

（1）程序通过定义学生结构体数组，存储若干名学生的学号、姓名和 3 门课的成绩。函数 fun 的功能是：将存放学生数据的结构体数组，按姓名的字典序（从小到大）排序。

```
#include  <stdio.h>
#include  <string.h>
struct student
{ long  sno;
  char  name[10];
  float  score[3];
};
void fun(struct student  a[], int  n)
{ ___[1]___ t;
  int  i, j;
  for (i=0; i<___[2]___; i++)
     for (j=i+1; j<n; j++)
        if (strcmp(______[3]______) > 0)
        {  t = a[i];  a[i] = a[j];  a[j] = t;
        }
}
void main()
{ struct student  s[4]={{10001,"ZhangSan", 95, 80, 88},{10002,"LiSi", 85, 70, 78},
                 {10003,"CaoKai", 75, 60, 88}, {10004,"FangFang", 90, 82, 87}};
```

```
int i, j;
printf("\n\nThe original data :\n");
for (j=0; j<4; j++)
{ printf("\nNo: %ld  Name: %-8s     Scores:  ",s[j].sno, s[j].name);
  for (i=0; i<3; i++)
       printf("%6.2f ", s[j].score[i]);
  printf("\n");
}
fun(s, 4);
printf("\n\nThe data after sorting :\n");
for (j=0; j<4; j++)
{ printf("\nNo: %ld  Name: %-8s     Scores:  ",s[j].sno, s[j].name);
  for (i=0; i<3; i++)
  printf("%6.2f ", s[j].score[i]);
       printf("\n");
}
}
```

程序运行结果如图 12-1 所示。

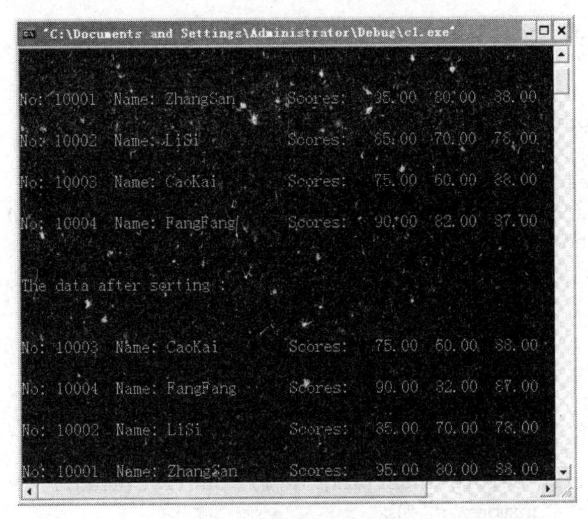

图 12-1　程序运行结果

（2）下列给定程序中已建立一个带头节点的单向链表，链表中的各节点按节点数据域中的数据递增有序链接。函数 fun 的功能是：把形参 x 的值放入一个新节点并插入链表中，使插入后各节点数据域中的数据仍保持递增有序。

```
#include    <stdio.h>
#include    <stdlib.h>
#define    N    8
typedef  struct list
{  int  data;
   struct list  *next;
} SLIST;
void fun( SLIST  *h, int  x)
{ SLIST  *p, *q, *s;
  s=(SLIST *)malloc(sizeof(SLIST));
  s->data=____[1]____;
  q=h;
  p=h->next;
```

```
  while(p!=NULL && x>p->data)
  { q=___[2]___;
    p=p->next;
  }
   s->next=p;
   q->next=___[3]___;
}
SLIST *creatlist(int  *a)
{ SLIST  *h,*p,*q;     int  i;
  h=p=(SLIST *)malloc(sizeof(SLIST));
  for(i=0; i<N; i++)
  { q=(SLIST *)malloc(sizeof(SLIST));
    q->data=a[i];
    p->next=q;
    p=q;
  }
  p->next=0;
  return  h;
}
void outlist(SLIST  *h)
{ SLIST  *p;
  p=h->next;
  if  (p==NULL)  printf("\nThe list is NULL!\n");
  else
  {  printf("\nHead");
     do { printf("->%d",p->data);  p=p->next;  } while(p!=NULL);
     printf("->End\n");
  }
}
void main()
{ SLIST  *head;
  int  x;
  int  a[N]={11,12,15,18,19,22,25,29};
  head=creatlist(a);
  printf("\nThe list before inserting:\n");  outlist(head);
  printf("\nEnter a number :  ");
  scanf("%d",&x);
  fun(head,x);
  printf("\nThe list after inserting:\n");
  outlist(head);
}
```

程序运行结果如图 12-2 和图 12-3 所示。

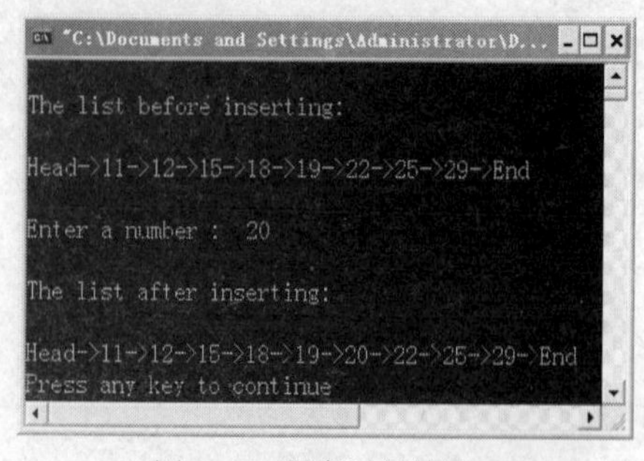

图 12-2　程序运行结果 1

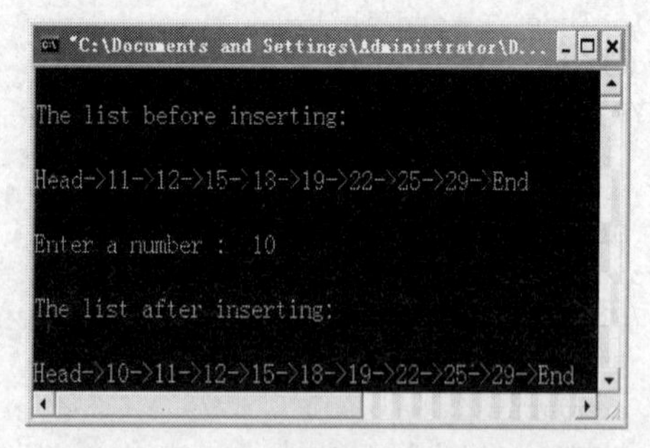

图 12-3　程序运行结果 2

12.5　目标程序

编程制作产品销售记录。

```
#include <string.h>
#include <conio.h>
#include <stdlib.h>
#include <stdio.h>
#define  MAX  3          /*产品销售记录条数*/
void input();            /*函数声明*/
void sort();             /*函数声明*/
void output();           /*函数声明*/

typedef struct
{ char dm[5];            /*产品代码*/
 char mc[11];            /*产品名称*/
 int dj;                 /*单价*/
 int sl;                 /*数量*/
 long je;                /*金额*/
}PRO;
PRO sell[MAX];

void main()
{ input();               /*调用函数 input，输入产品销售记录并计算金额 */
 sort();                 /*调用函数 sort，对记录按销售金额从高到低排序 */
 output();               /*调用函数 output，输出产品销售记录*/
}
void input()                  /*定义函数*/
{

}
void sort()                   /*定义函数*/
{

}
void output()                 /*定义函数*/
{

}
```

程序运行结果如图 12-4 所示。

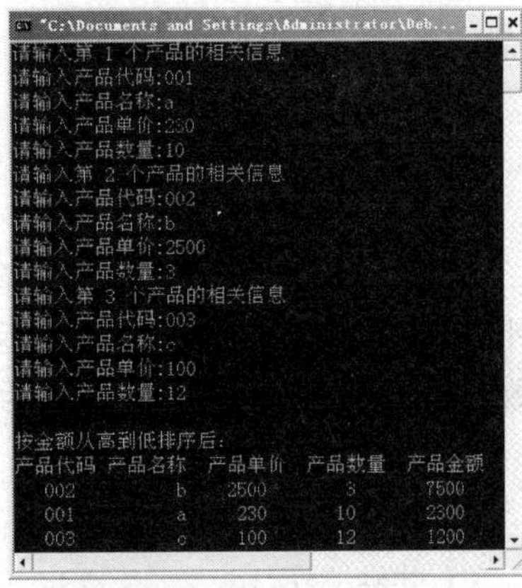

图 12-4　程序运行结果

12.6　编程提高

1. 定义一个结构体变量，包括年月日。计算该日在本年中是第几天？
2. 已知两个链表，每个链表中的节点包括学号、成绩。要求把两个链表合并，按学号升序排列。

3. 建立一个链表，每个节点包括学号、姓名、年龄。输入一个年龄，如果链表中的节点包含的年龄与此年龄相等，则删除该节点。

12.7　问题讨论

1. 通过指向结构体的指针变量引用结构体的成员变量有哪些方法？

如：
```
struct student
{  char name[16];
   int age;
}stu[10],*p=stu;
```
则引用年龄的方法有：stu[0].age　　p->age　　(*p).age

2. 指向运算符如何输入？

指向运算符（->）的输入方法是：先输入“-”，然后输入“>”即可。

3. 使用 malloc 函数应注意哪些问题？

首先要注意 malloc 函数的功能是在动态存储区分配内存单元。

然后注意该函数的返回值是 void 类型的指针变量，在使用时应进行强制类型转换。如
```
struct student
{ char name[16];
  int age;
}stu[10],*p;
p=(struct student *)malloc(sizeof(struct student));
```
4. 观察程序，分析错误在哪里。
```
#include "stdio.h"
#include "alloc.h"
void main()
{ char *s;
  s=malloc(10);
  gets(s);
  printf("%s\n",s);
  free(s);
}
```
语句 s=malloc(10);虽然在编译时不会出错，但概念上有问题。malloc(10)的返回值赋给字符指针 s 之前，编译器假定该函数的返回值为整数，而指向字符的指针的 s 不能被想当然地认为是整数。可以将语句 s=malloc(10);改为 s=(char *)malloc(10);，如下：
```
#include "stdio.h"
#include "alloc.h"
void main()
{ char *s;
  s=(char *)malloc(10);
  gets(s);
  printf("%s\n",s);
  free(s);
}
```

实验 13 文件——制作班级通信录

13.1 目的和要求

（1）了解文件的概念；

（2）掌握常用的文件库函数的用法。

13.2 应用实例

通过以下实验对知识点的讲解和练习，独立完成应用实例。

制作班级通信录：通信录中记录每位学生的编号、姓名和电话号码。通信录具有保存、添加删除和修改功能。

13.3 知识回顾

1. 文件的打开与关闭

对文件进行读写操作的步骤为：首先打开文件，然后读写文件，最后关闭文件。

（1）文件指针

文件的操作均需要文件类型指针。文件类型指针的声明为：FILE *fp;

（2）文件的打开

文件打开需要指明三件事：

① 要打开的文件名；

② 使用文件的方式；

③ 让哪个指针变量指向被打开的文件。

例如，要将数据写在 D 盘根目录下的文件 data.txt，则打开文件的代码如下：

```
FILE  *fp;
fp=fopen("D:\\data.txt","w");
```

（3）文件的关闭

fclose(fp);表示将 fp 所指的文件关闭。

2. 字符输入/输出函数

`fputc(ch,fp);` 该语句的作用是将字符 ch（可以是字符表达式、字符常量、变量等）写入 fp 所指向的文件。

`ch=fgetc(fp);` 该语句的作用是从 fp 所指文件读一个字符给变量 ch。

3. 字符串输入/输出函数

`fputs("abcd", fp);` 该语句的作用是把字符串"abcd"写入 fp 所指的文件之中。

`fgets(str,n,fp);` 该语句的作用是从 fp 所指的文件中读出 n-1 个字符送入字符数组 str 中。

4. 数据块读写函数

```
int data[5];
fread(data,2,5,fp);
```

其意义是从 fp 所指的文件中，每次读 2 个字节（一个整数）送入整型数组 fa 中，连续读 5 次，即读 5 个整数到数组 data 中。

```
int data[5]={1,2,3,4,5},i;
for(i=0;i<5;i++)
    fwrite(&data[i],2,1,fp);
```

其意义是将数组 data 中的数据写入 fp 所指的文件中。

5. 按格式输入/输出函数

`fscanf(fp, "%d%s",&i,s);` 该语句的作用是将 fp 指向的文件中的数据送给变量 i 和字符数组 s。

`fprintf(fp, "%d%c",j,ch);` 该语句的作用是将整型变量 j 和字符型变量 ch 的值按%d 和%c 的格式输出到 fp 指向的文件中。

13.4 实验内容

13.4.1 知识点练习

1. 要打开一个已存在的非空文件"file"用于修改，正确的语句是_______。

（A）fp=fopen("file", "r");　　（B）fp=fopen("file", "a+");

（C）fp=fopen("file", "w");　　（D）fp=fopen('file", "r+");

2. 使用 fgetc 函数，则打开文件的方式必须是_______。

（A）只写　　（B）追加

（C）读或读/写　　（D）B 和 C 都正确

3. fscanf 函数的正确调用形式是_______。

（A）fscanf (文件指针, 格式字符串, 输出列表);

（B）fscanf (格式字符串, 输出列表, 文件指针);

（C）fscanf (格式字符串, 文件指针, 输出列表);

（D）fscanf (文件指针, 格式字符串, 输入列表);

4. 系统的标准输入文件是指_______。

（A）键盘　　（B）显示器　　（C）软盘　　（D）硬盘

5. 在进行文件操作时，写文件的一般含义是________。

（A）将计算机内存中的信息存入磁盘　　（B）将磁盘中的信息存入计算机内存

（C）将计算机 CPU 中的信息存入磁盘　　（D）将磁盘中的信息存入计算机 CPU

6.C 语言中，数据可以用________和________两种代码形式存放。

7.用“W”方式打开已存在的文件，则原有文件中数据会________。

8.对文件操作的一般步骤是________________。

13.4.2　阅读程序

（1）有 5 个学生，每个学生有 3 门课的成绩，从键盘输入以上数据（包括学号、姓名、3 门课成绩），计算出平均成绩，将原有的数据和计算出的平均分数存放在磁盘文件"stud.dat"中。

```
#include "stdio.h"
struct student
{ char num[6];                                  /*学号*/
  char name[8];                                 /*姓名 */
  int score[3];                                 /*3 门课的成绩*/
  float avr;                                    /*平均成绩*/
} stu[5];
void  main()
{ int i,j,sum;
  FILE *fp;
  /*输入*/
  for(i=0;i<5;i++)
  { printf("\n please input No. %d score:\n",i);
    printf("stuNo:");
    scanf("%s",stu[i].num);
    printf("name:");
    scanf("%s",stu[i].name);
    sum=0;
    for(j=0;j<3;j++)
    { printf("score %d.",j+1);
      scanf("%d",&stu[i].score[j]);
      sum+=stu[i].score[j];                     /*求总成绩*/
    }
    stu[i].avr=sum/3.0;                         /*求平均成绩*/
  }
 /*  将输入的数据写入文件中     */
  fp=fopen("stud.dat","w");                     /*以只写方式打开文件*/
  for(i=0;i<5;i++)
        if(fwrite(&stu[i],sizeof(struct student),1,fp)!=1)
        printf("file write error\n");
  fclose(fp);
}
```

打开文件 stud.dat，观察文件内容。

（2）下列给定程序的功能是：从键盘输入若干行字符串（每行不超过 80 个字符），写入文件 myfile4.txt 中，用 -1 作字符串输入结束的标志，然后将文件的内容显示在屏幕上。文件的读写分别由函数 ReadText 和 WriteText 实现。

```
#include<stdio.h>
#include<string.h>
#include<stdlib.h>
void WriteText(FILE  *fw)                  /*定义文件写函数，把输入的字符串写入文件中*/
{ char  str[81];
  printf("\nEnter string with -1 to end :\n");
  gets(str);
  while(strcmp(str,"-1")!=0)               /*如果输入的字符串是-1，则结束循环*/
  {  fputs(str,fw);                        /*将输入的字符串写入文件中*/
   fputs("\n",fw);                         /*换行*/
   gets(str);                              /*继续输入下一个字符串*/
  }
}
void ReadText(FILE  *fr)
{ char  str[81];
  printf("\nRead file and output to screen :\n");
  fgets(str,81,fr);
  while( !feof(fr) )
  {  printf("%s",str);
    fgets(str,81,fr);
  }
}
void main()
{ FILE  *fp;
  if((fp=fopen("myfile4.txt","w"))==NULL)
  { printf(" open fail!!\n");
    exit(0);
  }
  WriteText(fp);
  fclose(fp);
  if((fp=fopen("myfile4.txt","r"))==NULL)
  { printf(" open fail!!\n");
    exit(0);
  }
  ReadText(fp);
  fclose(fp);
}
```

13.4.3　程序填空

（1）下面程序的功能是把从键盘输入的文件（用 @ 作为文件结束标志）复制到一个名为file231.txt 的新文件中。

```
#include <stdio.h>
#include <stdlib.h>
void main()
{ char ch;
  FILE *fp;
  if((fp=fopen(    [1]              ))==NULL)
     exit(0);
  while((ch=getchar())!='@')
     fputc(ch,fp);
      [2]         ;
}
```

程序运行结果如图 13-1 所示。文件 file231.txt 的内容如图 13-2 所示。

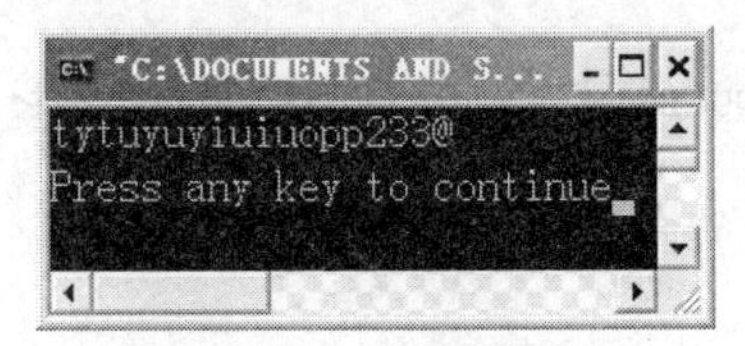

图 13-1　运行结果

图 13-2　文件内容

（2）下面程序的功能是从键盘上输入一个字符串，把该字符串中的小写字母转换为大写字母，输出到文件 file232.txt 中，然后从该文件读出字符串并显示出来。

```
#include <stdio.h>
#include <stdlib.h>
#include <string.h>
void main()
{ char str[100];
  int i=0;
  FILE *fp;
  if((fp=fopen("file232.txt",______[1]______))==NULL)
    { printf("Can't open the file.\n");
      exit(0);
    }
  printf("Input a string:\n");
  gets(str);
  while(str[i])
  {  if(str[i]>= 'a'&&str[i]<= 'z')
     str[i]=________[2]________;
     fputc(str[i],fp);
     i++;
  }
  fclose(fp);
  fp=fopen("file232.txt",______[3]______);
  fgets(str,strlen(str)+1,fp);
  printf("%s\n",str);
  fclose(fp);
}
```

程序运行结果如图 13-3 所示。文件 file232.txt 的内容如图 13-4 所示。

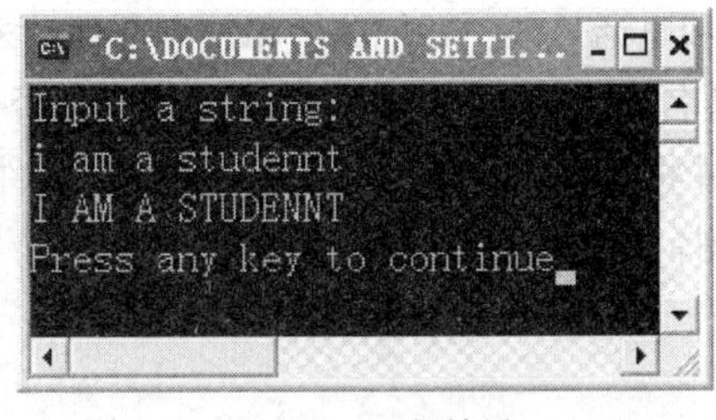

图 13-3　运行结果

图 13-4　文件内容

（3）下面程序的功能是将从终端上读入的 10 个整数以二进制方式写入名为"file233.dat"的新文件中，并将 file233.dat 文件的内容输出到屏幕上。

```
#include <stdio.h>
#include <stdlib.h>
void main()
```

```
{
    int i, j;
    FILE *fp;
    if(( fp=fopen(______[1]______ , "wb" )) == NULL )        /*以只读方式打开文件*/
        exit (0);
    for( i=0;i<10;i++ )
    {
        scanf("%d", &j );
        fwrite(____[2]____ , sizeof(int), 1,______[3]______);  /*将变量 j 的内容写入文件 */
    }
    fclose( fp);
    printf("\n 文件 file233.dat 的内容如下:\n");
    if(( fp=fopen("file233.dat", "rb" )) == NULL )         /*以只读方式打开文件*/
        exit (0);
    for( i=0;i<10;i++ )
    {
        fread(______[4]______ , sizeof(int),1,fp);
                                            /*从文件读数据*/
        printf("%d ",j);
    }
    fclose(fp);
    printf("\n");
}
```

程序运行结果如图 13-5 所示。

```
1 2 3 4 5 6 7 8 9 10

文件file233.dat的内容如下:
1 2 3 4 5 6 7 8 9 10
Press any key to continue
```

图 13-5 运行结果

13.5 目标程序

建立班级通信录，要求用结构体数组完成。

① 编写 creat 函数建立班级通信录。通信录中记录每位学生的编号、姓名和电话号码。班级人数和学生信息从键盘读入，并将输入的数据存放于 node.dat 中。

② 编写函数 print，将 node.dat 文件中的数据输出到屏幕上。

③ 编写函数 search，从键盘输入学生的姓名，从 node.dat 文件中查找该生是否存在，若存在，则输出其相关信息，否则，输出 no search。

④ 编写函数 add，从键盘输入学生的编号、姓名和电话号码，并把该生添加到文件的末尾。

⑤ 编写函数 modi，从键盘输入要修改的学生的姓名，从 node.dat 文件中查找该生是否存在，若存在，则修改其电话号码，否则，输出 no search，并将修改后的数据保存到 node.dat 文件中。

⑥ 编写主函数，调用以上函数。要求通过菜单选择调用的函数。

```
#include "stdio.h"
#include "stdlib.h"
#include "string.h"
#define  SIZE  10                         /*通信录记录条数 */
                                          /*定义通信录的结构体类型 struct node*/


void creat();                             /*函数声明*/
void print();                             /*函数声明*/
```

```
void search ();                             /*函数声明*/
void add();                                 /*函数声明*/
void modi();                                /*函数声明*/
void main()
{ int choice=0;                             /*存放用户选项的变量*/
  /*功能及操作的界面提示*/
  while(1)
  { printf("+----------------------------------------------+\n");
    printf("| Welcome to                                   |\n");
    printf("|-------------------------------------------   -|\n");
    printf("|    1. Init file to store student record      |\n");
    printf("|    2. AddRecord                              |\n");
    printf("|    3. QueryByName                            |\n");
    printf("|    4. ModifyByNumber                         |\n");
    printf("|    5. print                                  |\n");
    printf("++++++++++++++++++++++++++++++++++++++++++++++++\n");
    printf("|    0. End Program                            |\n");
    printf("---------------------------------------- --------\n");
    printf("# Please Input Your Choose                     #\n");
    printf("# number 1~5                                   #\n");
    printf("# number 0 to Exit the System                  #\n");
    printf("------------------------------------------------\n");
    scanf("%d",&choice);
    getchar();
    /*根据用户选项调用相应函数*/
    switch(choice)
    { case 1: creat(); break;
      case 2: add(); break;
      case 3: search(); break;
      case 4: modi(); break;
      case 5: print();break;
      case 0:  exit(0);
      default: break;
    }
  }
}
void creat()                                /*初始化通信录*/
{                                           /*以只写方式打开文件*/
                                            /*循环*/
                                            /*输入数据*/
                                            /*写入文件*/
                                            /*关闭文件*/
}
void print()
{                                           /*以只读方式打开文件*/
                                            /*文件没有结束，则循环 */
                                            /*读数据*/
                                            /*输出到屏幕*/
                                            /*关闭文件*/
}
void search ()
```

```
{                                        /*以只读方式打开文件*/
                                         /*文件没有结束，则循环 */
                                         /*输入姓名*/
                                         /*读数据*/
                                         /*判断读出的数据是否符合要求，若找到，则输出信息 */
                                         /*关闭文件*/

}
void add()
{                                        /*以追加方式打开文件*/
                                         /*输入编号、姓名和电话*/
                                         /*写入文件 */
                                         /*关闭文件*/

}
void modi()
{                                        /*从文件中读数据到数组中 */
                                         /*修改数组中的数据 */
                                         /*将数组中的数据写入文件 */

}
```

程序运行主界面如图 13-6 所示。

在主界面中输入 1，表示要初始化文件，即输入通信录的内容并将其保存在文件中。程序运行结果如图 13-7 所示。

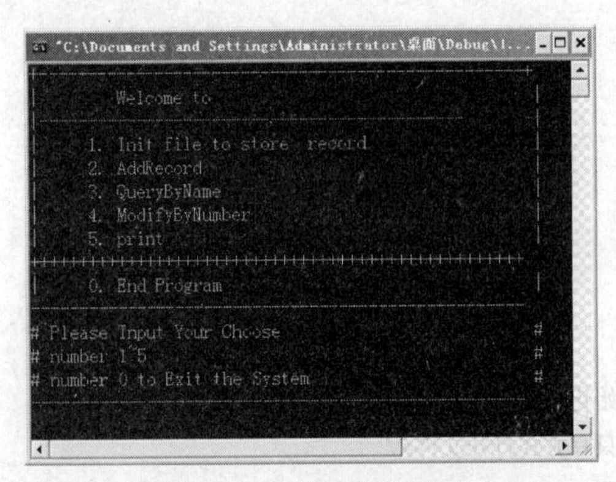

图 13-6 程序运行主界面

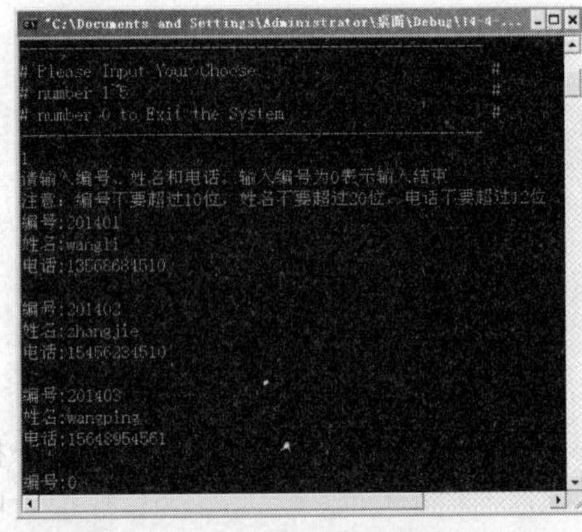

图 13-7 初始化的运行结果

在主界面中输入 2，表示要添加通信录的内容。程序运行结果如图 13-8 所示。输入 5 后，输出添加之后的通信录内容，如图 13-9 所示。

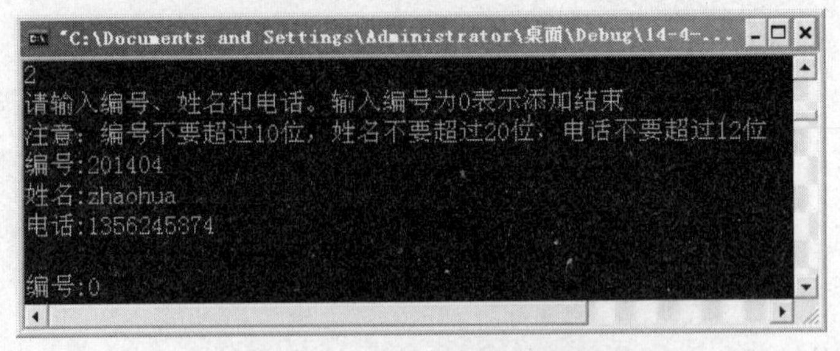

图 13-8 添加内容运行结果

在主界面中输入 3，表示要按姓名查询。程序运行结果如图 13-10 所示。

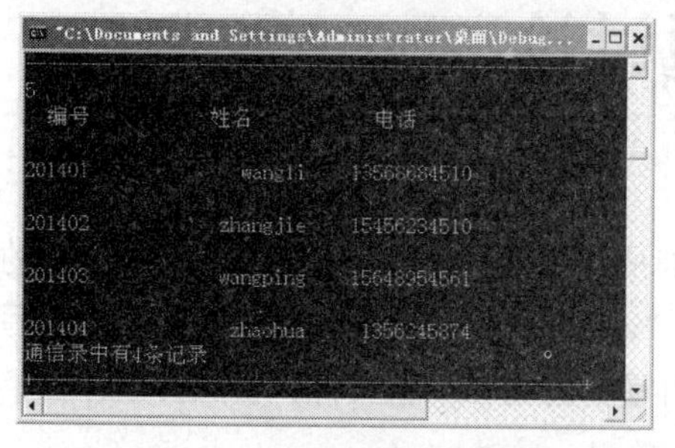

图 13-9　添加之后输出的内容

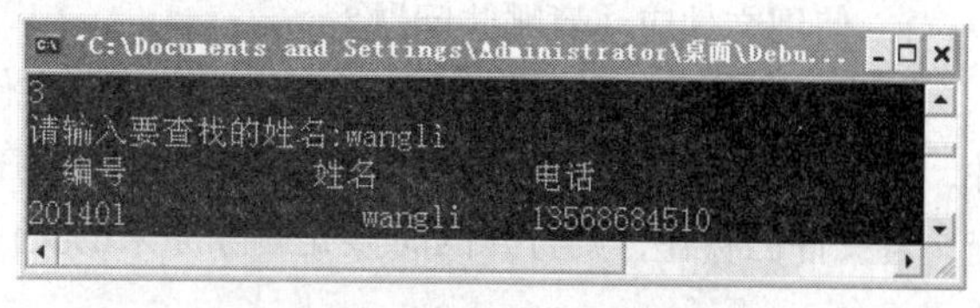

图 13-10　按姓名查询的运行结果

在主界面中输入 4，表示要修改通信录。程序运行结果如图 13-11 所示。

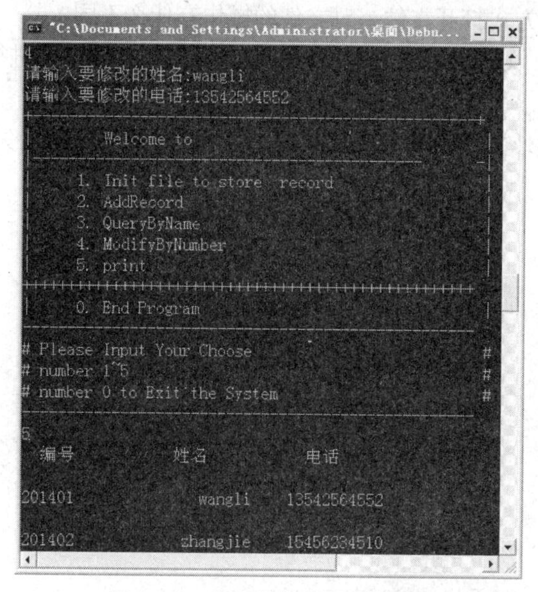

图 13-11　修改通信录的运行结果

13.6　编程提高

1. 学生的记录由学号、姓名和 3 门课的成绩组成。

① 编写函数 read()，从 stu.dat 中把学生信息读到结构体数组 xstu 中。

② 编写函数 fun，将存放学生数据的结构体数组按姓名从小到大排序。

③ 编写函数 write()，将排好序的数据写到 sort.dat 文件中。

read()和 write()可参照阅读程序的目标程序，文件的读写函数建议使用 fwrite()和 fread()函数。stu.dat 文件的内容自行设计，建议一条记录放一行。

2. 在班级通信录的基础上添加新的功能：为系统设置账号和密码，进入系统时需要输入账号和密码，只有账号和密码正确时方能使用系统。

13.7　问题讨论

1. 使用文件应注意哪些问题?

首先，要使用 fopen()函数打开文件，在打开文件时应注意打开方式，如：“r”方式打开的文件，只能对其进行读操作，而且还要求文件必须存在；“w”方式打开的文件，只能对其进行写操作，若文件已存在，则打开的时候先删除原来的文件再重新建立一个新文件，若文件不存在，则新建一个。

其次，对文件进行读写操作，它是通过调用库函数来实现的。

最后，调用 fclose()函数关闭文件。

2. 以“a”和“w”方式打开文件，对文件的操作有什么不同?

以“a”方式打开时，文件可以进行写操作，但是只能在文件末尾进行追加，而且文件原有数据仍存在。

以“w”方式打开时，文件可以进行写操作，但是文件原有数据消失。

实验 14 综合应用举例 1
——按选手顺序输出选手的名次

14.1 题目要求

在比赛的现场，有一批选手参加比赛，比赛的规则是最后得分越高，名次越低。当比赛结束时，要在现场按照选手的出场顺序（选手的序号）宣布最后得分和最后名次，获得相同分数的选手具有相同的名次，名次连续编号，不用考虑同名次的选手人数。例如，

选手序号为：　　1，2，3，4，5，6，7

选手得分为：　　5，3，4，7，3，5，6

则输出名次为：　3，1，2，5，1，3，4

请编程帮助大赛组委会完成比赛的评分和排名工作。

14.2 题目分析

针对该题目，读者可能会将选手的得分存放在一个数组中，然后从小到大进行排列。但是问题并非想象得那么简单。首先，题目要求按选手的出场顺序输出各自的排名，也就是说，并不是按照排名的先后顺序输出选手号；其次，如果只是简单地对选手的得分排名，那么选手的得分与选手的序号就不能构成一一对应的关系，这么排序就没有意义了；最后，题目要求得分相同的选手有相同的排名，名次连续编号，即如果有两个人并列第一，则下一排名是第二名，不是第三名。

（1）一种比较直观的解决方法就是应用结构体，将每个选手的信息，包括序号、得分、名次存在一个结构体变量中，然后组成一个结构体数组。该结构体可以定义为：

```
struct player{
  int num;
  int score;
  int rand;
};
```

（2）开始每个结构体变量中只存放选手的序号和得分的信息，然后以选手的得分为比较对象，从小到大进行排序。算法描述如下：

```
void sortScore(struct player psn[],int n)
{ int i,j;
  struct player tmp;
  for(i=0;i<n-1;i++)
  for(j=0;j<n-1-i;j++)
   { if(psn[j].score>psn[j+1].score)
     { tmp=psn[j];  psn[j]=psn[j+1];  psn[j+1]=tmp; }
   }
}
```

（3）然后指定每一位选手的名次。因为此时结构体数组 psn 中的元素已经按 score 从小到大排列，因此比较容易设定每一位选手的名次。算法描述如下：

```
void setRand(struct player psn[],int n)
{ int i,j=2;
  psn[0].rand=1;
  for(i=1;i<n;i++)
  {  if(psn[i].score!=psn[i-1].score)
    {psn[i].rand=j;
     j++;
    }
    else
     psn[i].rand=psn[i-1].rand;
  }
}
```

首先将第一名选手 psn[0]的名次设定为 1，然后依次给 psn[2]—psn[n-1]设定名次。如果 psn[i].score 不等于 psn[i-1].score，说明 psn[i]的名次要落后一名，j++；否则，psn[i]的名次与 psn[i-1]的名次相同。

（4）最后按照选手的序号重新排列，以便能够按照选手的序号输出结果。算法描述如下：

```
void sortNum(struct player psn[],int n)
{ int i,j;
  struct player tmp;
  for(i=0;i<n-1;i++)
   for(j=0;j<n-1-i;j++)
    { if(psn[j].num>psn[j+1].num)
      {  tmp=psn[j];  psn[j]=psn[j+1];  psn[j+1]=tmp; }
    }
}
```

14.3 程序清单

```
#include "stdio.h"
struct player{
  int num;
  int score;
  int rand;
};

void sortScore(struct player psn[],int n)
{ int i,j;
  struct player tmp;
  for(i=0;i<n-1;i++)
     for(j=0;j<n-1-i;j++)
```

```
        {  if(psn[j].score>psn[j+1].score)
             { tmp=psn[j];
               psn[j]=psn[j+1];
               psn[j+1]=tmp;
             }
        }
    }

void setRand(struct player psn[],int n)
{ int i,j=2;
  psn[0].rand=1;
  for(i=1;i<n;i++)
  {  if(psn[i].score!=psn[i-1].score)
       { psn[i].rand=j;
         j++;
       }
       else
         psn[i].rand=psn[i-1].rand;
  }
}

void sortNum(struct player psn[],int n)
{ int i,j;
  struct player tmp;
  for(i=0;i<n-1;i++)
      for(j=0;j<n-1-i;j++)
       {  if(psn[j].num>psn[j+1].num)
            {  tmp=psn[j];   psn[j]=psn[j+1];   psn[j+1]=tmp; }
       }
  }

void sortRand(struct player psn[],int n)
{ sortScore(psn,n);
  setRand(psn,n);
  sortNum(psn,n);
}

void main()
{ struct player psn[7]={{1,5,0},{2,3,0},{3,4,0},{4,7,0},{5,3,0},{6,5,0},{7,6,0}};
  int i;
  sortRand(psn,7);
  printf("num score rand \n");
  for(i=0;i<7;i++)
    printf("%d%6d%6d\n",psn[i].num,psn[i].score,psn[i].rand);
  getche();
}
```

程序的运行结果如图 14-1 所示。

```
"C:\Docum...
num score rand
1     5     3
2     3     1
3     4     2
4     7     5
5     3     1
6     5     3
7     6     4
```

图 14-1 程序运行结果

实验 15 综合应用举例 2 ——统计文章单词数

15.1 题目要求

统计文章中单词的个数。文件中，单词之间用空格隔开，空格数不限。

15.2 题目分析

设计该程序需要解决两个问题，一是如何将文章读出来，二是如何统计单词。

如何将文章读出来这个问题可以采用文件字符串读函数 fgets()来解决。由于文章中不可能只有一句话，故而需要用二维字符数组来保存从文件中读出的文章内容。在程序中需要定义一个函数来从文件中读出内容。在打开文件时，可能文件不存在导致打不开文件，从而无法读取数据。因此，该函数需要通过返回值来表示文件读数据是否成功（0 表示文件不能打开，读数据失败；1 表示读数据成功）。另外，在读文章内容时需要将文章的行数传递出来，为后续程序提供服务。综上所述，该函数的原型为 int init(char *filename,char s[][80],int*line)，参数 filename 表示要打开的文件名，二维数组 s 是保存读出来的文章内容，line 表示文章的行数。该函数的功能是将 filename 文件中的文章读到数组 s 中。

如何统计单词这个问题可以采用按行统计单词个数。如果当前字符为非空格，而它前面的字符是空格，则表示“新单词开始了”，此时单词个数加 1。如果当前字符为非空格，而其前面的字符也为非空格，则表示当前仍是原来单词的延续，此时单词个数不加 1。表示前一个字符是否为空格，可以设标志变量 flag。若 flag 的值为 0，表示前一个字符为空格；若 flag 的值为 1，表示前一个字符不是空格。统计单词个数这个问题可以通过定义函数 count 来完成，该函数的原型为 int count(char s[][80],int line)；函数返回值为统计的单词个数。

15.3　程序清单

```
#include <stdio.h>
#include <string.h>
#define SIZE 100
int inti(char *filename,char s[][80],int *line)
{ int i=0;
  FILE *fp;
  if((fp=fopen(filename,"r"))==NULL)
      return 0;
  while(!feof(fp))
  {  fgets(s[i],80,fp);
     i++;
  }
  *line=i;
  return 1;
}
int count(char s[][80],int line)
{ int i,j,cnt =0,flag=0;
  for(i=0;i<line;i++)
  { flag=0;
     for(j=0;j<strlen(s[i]);j++)
     {  if(s[i][j]==' ')
          flag=0;
         else
          if(flag==0)
          {  flag=1;          cnt++;
          }
     }
  }
 return cnt;
}
void main()
{ char filename[80],file[SIZE][80];
  int fileflag,cnt,line;
  printf("please input the file name which you will count:");
  gets(filename);
  fileflag=inti(filename,file,&line);
   if(fileflag==0)
      printf("File can't open!");
  else
  {  cnt=count(file,line);
     printf("word number is %d\n",cnt);
  }
}
```

要统计字数的文件内容如图 15-1 所示。

程序的运行结果如图 15-2 所示。

图 15-1　要统计字数的文件内容

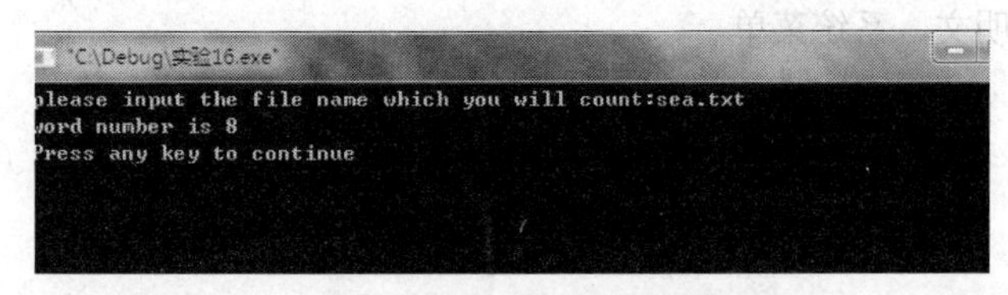

图 15-2　程序运行结果

实验16 综合应用举例3

——文件加密/解密系统

16.1 题目要求

用C语言实现一个简易的文件加密/解密系统。该系统采用对称加密体制，由用户指定自己的密钥key。加密函数可描述为：M=P+key；对应的解密函数可描述为：P=M-key。其中，P表示8位的明文数据，M表示8位的密文数据。系统要求提供一个字符菜单界面，可以对任意格式的文件进行加密/解密操作。

16.2 题目分析

本例要求实现一个简易的文件加密/解密系统，并给出了加密/解密的函数。由于该系统采用对称加密体制，因此加密函数与解密函数互为逆运算。只要将明文文件的一个字节代入加密函数中进行运算，得到的结果即为一个字节的密文数据；同理，只要将密文文件的一个字节代入解密函数中进行计算，得到的结果即为一个字节的明文数据。

1. 概要设计

该系统在总体上可以划分为3个模块：文件加密、文件解密、系统菜单。

文件加密模块的功能：读入明文、加密明文、保存密文。

文件解密模块的功能：读入密文、解密密文、保存明文。

由于文件加密模块和文件解密模块中的“读入明文”和“读入密文”2个模块功能一致，“保存密文”和“保存明文”的模块功能一致，因此可以将原来的4个模块合并为2个模块。

经过以上分析，该系统最终确定有5个模块：读入明文/密文、加密明文、解密明文、保存密文/明文、系统菜单。

2. 详细设计

（1）读入明文/密文模块，是将用户指定磁盘上的文件（明文或者密文）读入到内存中。

函数定义如下：

```
int openSrcFile(char **buffer)
{ FILE *myfile_src;                              /*源文件指针*/
  char filename[20];                             /*文件名数组*/
  long file_size;                                /*记录文件的长度*/
  printf("Please input the path and filename of the file you want to process\n");
  scanf("%s",filename);
  if(!(myfile_src=fopen(filename,"rb")))
    printf("ERROR!");
  fseek(myfile_src,0,SEEK_END);
  file_size=ftell(myfile_src);
  fseek(myfile_src,0,SEEK_SET);
  *buffer=(char *)malloc(file_size);
  fread(*buffer,1,file_size,myfile_src);         /*读入文件*/
  fclose(myfile_src);
  return file_size;
}
```

在主调函数中定义一个指向字符型变量的指针 char *buffer，然后定义在函数 openSrcFile()中开辟内存 huanchongqu，将指定目录下的源文件读入到该缓存区。该缓存区的首地址为 buffer，因此函数 openSrcFile()的入口参数为一个指向指针的指针 buffer。该函数返回值为读入文件的长度。

（2）文件加密函数

```
void encryption(char buffer[],int file_size,int key)
{ int i;
  for(i=0;i<file_size;i++)
       buffer[i]=buffer[i]+key;                  /* M=2*(P+key) */
}
```

该函数将缓冲区 buffer 中存储的明文进行加密，其中，key 为加密的密钥，file_size 为文件的长度。

（3）文件解密函数

```
void decryption(char buffer[],int file_size,int key)
{ int i;
  for(i=0;i<file_size;i++)
    buffer[i]=buffer[i]-key;
}
```

（4）保存密文/明文函数

```
void saveDstFile(char *buffer,long file_size)
{ FILE *myfile_dst;                              /*源文件指针*/
  char filename[20];                             /*文件名数组*/
  printf("Please input the path and filename of the file you have processed\n");
  scanf("%s",filename);
  if(!(myfile_dst=fopen(filename,"wb")))
    printf("ERROR!");
  fwrite(buffer,1,file_size,myfile_dst);
  printf("OK");
  fclose(myfile_dst);
}
```

该函数是将缓冲区 buffer 中的内容写到指定的文件中去。

16.3 程序清单

```
#include "stdio.h"
void encryption(char buffer[],int file_size,int key);
void decryption(char buffer[],int file_size,int key);
void Process(int a);
int openSrcFile(char **buffer);
void saveDstFile(char *buffer);
void menu();

void main()
{ char flag;
  menu();                                          /*显示系统菜单提示*/
  flag=getchar();
  getchar();
  while(flag!='Q')                                 /*根据用户输入的命令进行相应处理*/
  { switch(flag)
    { case 'E':Process(0);break;                   /*加密文件*/
      case 'D':Process(1);break;                   /*解密文件*/
      default:printf("Input Error!\n");break;      /*输入命令错误*/
    }
   flag=getchar();
   getchar();
  }
}

void menu()
{ printf("**************************************************\n");
  printf("==========A SIMPLE ENCRYPTION/DECRYPTION SYSTEM==========\n");
  printf("  ENCRYPTION press'E'  DECRYPTION press'D'  QUIT press'Q'\n");
  printf("**************************************************\n");
}

int openSrcFile(char **buffer)
{ FILE *myfile_src;                                /*源文件指针*/
  char filename[20];                               /*文件名数组*/
  long file_size;                                  /*记录文件的长度*/
  printf("Please input the path and filename of the file you want to process\n");
  scanf("%s",filename);
  if(!(myfile_src=fopen(filename,"rb")))
   { printf("ERROR!"); }
  fseek(myfile_src,0,SEEK_END);
  file_size=ftell(myfile_src);
  fseek(myfile_src,0,SEEK_SET);
  *buffer=(char *)malloc(file_size);
  fread(*buffer,1,file_size,myfile_src);          /*读入文件*/
  fclose(myfile_src);
  return file_size;
```

```
}

void saveDstFile(char *buffer,long file_size)
{ FILE *myfile_dst;                                      /*源文件指针*/
  char filename[20];                                     /*文件名数组*/
  printf("Please input the path and filename of the file you have processed\n");
  scanf("%s",filename);
  if(!(myfile_dst=fopen(filename,"wb")))
  {  printf("ERROR!");  }
  fwrite(buffer,1,file_size,myfile_dst);
  printf("OK");
  fclose(myfile_dst);
}

void Process(int a)
{ FILE *myfile_dst;
  char * buffer;
  int key;
  long file_size;                                        /*记录文件的长度*/
  file_size=openSrcFile(&buffer);                        /*读入源文件*/
  printf("Please input the key (a integer) for encryption or decryption\n");
  scanf("%d",&key);                                      /*用户输入密钥*/
  if(a==0)
  {  /*加密状态*/
   encryption(buffer,file_size,key);
  }
  else
  { /*解密状态*/
    decryption(buffer,file_size,key);
  }
  saveDstFile(buffer,file_size);
}


void encryption(char buffer[],int file_size,int key)
{ int i;
 for(i=0;i<file_size;i++)
 buffer[i]=buffer[i]+key;                                /* M=2*(P+key) */
}

void decryption(char buffer[],int file_size,int key)
{ int i;
 for(i=0;i<file_size;i++)
   buffer[i]=buffer[i]-key;
}
```

待加密的文件如图 16-1 所示，加密后的文件如图 16-2 所示，程序运行过程如图 16-3 所示。

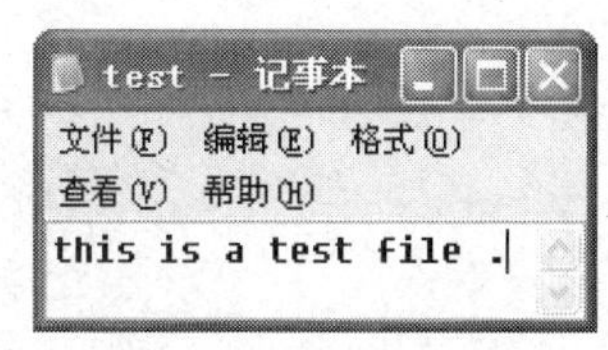

图 16-1　待加密的文件

图 16-2　加密后的文件

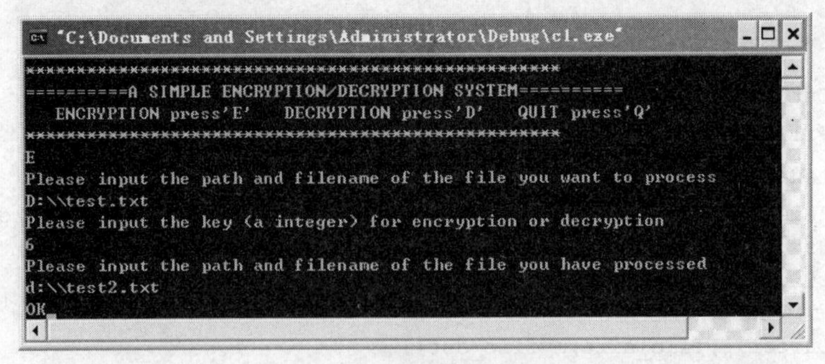
"C:\Documents and Settings\Administrator\Debug\c1.exe"
==========A SIMPLE ENCRYPTION/DECRYPTION SYSTEM==========
ENCRYPTION press'E'   DECRYPTION press'D'   QUIT press'Q'
E
Please input the path and filename of the file you want to process
D:\\test.txt
Please input the key (a integer) for encryption or decryption
6
Please input the path and filename of the file you have processed
d:\\test2.txt
OK

图 16-3　程序运行过程

第二部分 常用算法

- 算法 1　穷举算法——百钱百鸡问题
- 算法 2　排序算法——选择排序应用
- 算法 3　查找算法——顺序查找实现有序数组元素的插入
- 算法 4　递归算法——计算阶乘
- 算法 5　递推算法——兔子产仔
- 算法 6　数论问题——素数、最大公约数、最小公倍数

算法1 穷举算法
——百钱百鸡问题

1.1 目的和要求

（1）掌握和理解穷举算法的思想；
（2）掌握循环语句的语法及工作原理；
（3）通过深入研究穷举的技巧，积累程序设计的经验，提升自己设计程序求解问题的能力。

1.2 应用实例

我国古代数学家张丘建在《算经》一书中曾提出过著名的“百钱买百鸡”问题。该问题叙述如下：鸡翁一，值钱五；鸡母一，值钱三；鸡雏三，值钱一；百钱买百鸡，则翁、母、雏各几何？请编写C语言程序，解决“百钱买百鸡”问题。类似问题有韩信点兵、水仙花数、找密码问题等，都可以采用穷举算法实现。

1.3 算法分析

1. 实例分析

设100只鸡中，公鸡、母鸡、小鸡的只数分别为i，j，k，问题化为三元一次方程组：

i+j+k=100，表示鸡的总数是100只；

5*i+3*j+k/3=100，表示钱的总数是100元；

这里i，j，k为正整数，且k是3的倍数；由于鸡和钱的总数都是100，可以确定i，j，k的取值范围：

（1）i的取值范围为1~20；
（2）j的取值范围为1~33；
（3）k的取值范围为3~99，步长为3。

对于这个问题，可以用穷举的方法，遍历 i，j，k 的所有可能组合，最后得到问题的解。

2. 穷举法

穷举法，常常称为枚举法，是指从可能的集合中一一穷举各元素，用题目给定的约束条件判定哪些是无用的、哪些是有用的，能使命题成立者即为问题的解。

穷举是最简单、最基础，也是通常被认为非常没效率的算法。但是，穷举有很多优点，在算法中占有一席之地。首先，穷举具有准确性，只要时间足够，正确的穷举得出的结论是正确的；其次，穷举拥有全面性，因为它是对所有方案的全面搜索，所以它能够得出所有的解。

采用穷举算法解题的基本思路：

① 确定穷举对象、穷举范围和判定条件；

② 一一列举可能的解，验证是否是问题的解。

采用穷举算法解题的基本步骤：

① 建立正确的数学模型，确定穷举方案；

② 根据命题确定可解空间（变量的取值范围）；

③ 正确表达“符合条件”的判断；

④ 通常用多重循环加条件语句来编写程序。

1.4　算法流程

1. 流程分析

（1）第一种解法

如果 100 元全部买公鸡，最多买 20 只，即 0<i<=20；

如果 100 元全部买母鸡，最多买 33 只，即 0<j<=33；

如果 100 元全部买小鸡，最多买 100 只（因为最多买 100 只鸡，所以小鸡的数目不能多于 100 只），即 0<k<=100。

在这个题目中，使用三重循环，则循环执行的总数为 20×33×100=66 000 次，如图 1-1 所示。

（2）第二种解法

经过研究发现，由于公鸡、母鸡、小鸡必须都至少有 1 只，则 i<=20-2，即 i<=18；

同理，j<=31；这样可以调整循环次数。

而 k=100−i−j，这个公式使整个算法减少了一次循环。

这样一来，循环的次数为 18×31=558 次，大大减少了循环次数，提高了算法的效率，如图 1-2 所示。

（3）第三种解法

根据题目的意思，发现要找到的 i、j、k 应符合以下方程：

i+j+k=100

5*i+3*j+k/3=100

从这两个方程中消去 k 可以得到：7*i+4*j=100，那么，i=(100−4*j)/7；而 j≥1，作为整数，i ≤(100−4)/7，即 i≤13；

同理，j≤23。

这样一来，循环的次数为 13×23=299 次，进一步减少了循环次数，提高了算法的效率，如

图 1-3 所示。

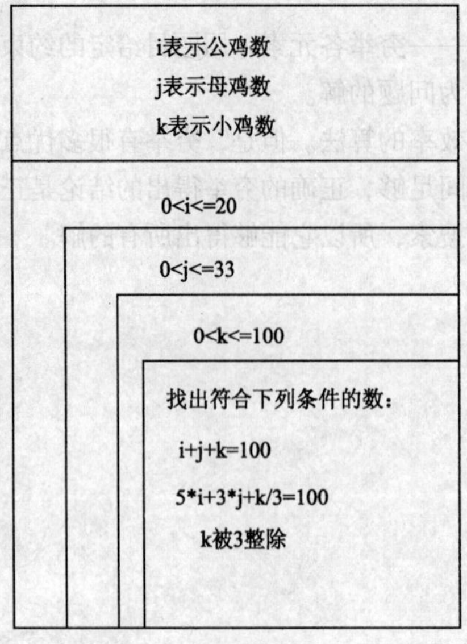

图 1-1 三重循环的 N-S 图

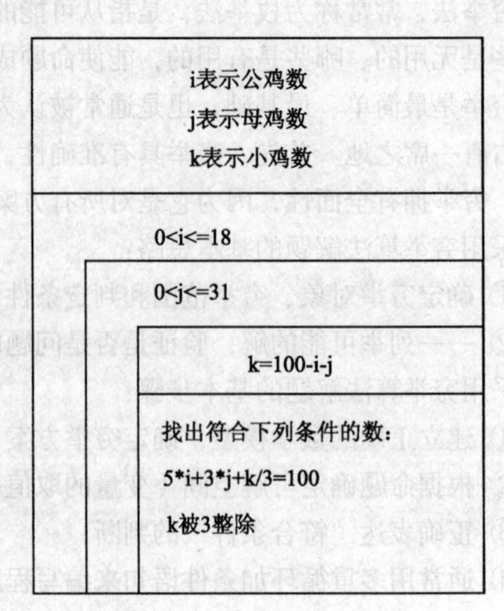

图 1-2 双重循环的 N-S 图

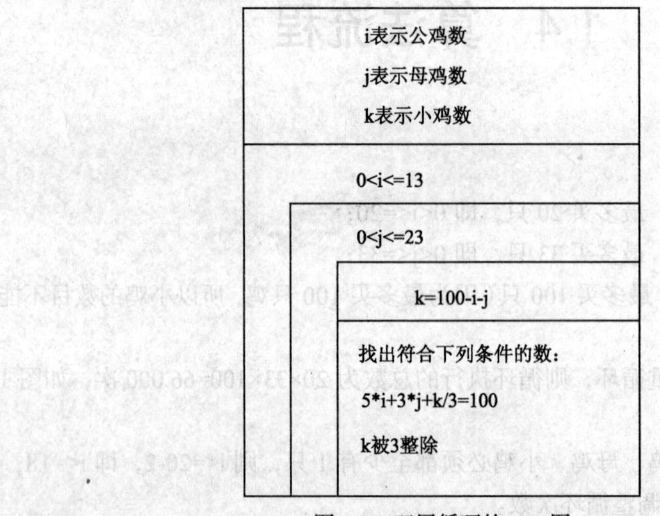

图 1-3 双层循环的 N-S 图

2. 算法过程

（1）数据要求

① 问题中的常量：无。

② 问题的输入：无。

③ 问题的输出：int i，j，k　　/*公鸡、母鸡、小鸡的只数*/。

（2）算法描述

① 公鸡、母鸡、小鸡的只数初始化为 1；

② 计算 i 循环，找到公鸡的只数；

③ 计算 j 循环，找到母鸡的只数；

④ 计算 k 循环，找到小鸡的只数；

⑤ 结束，程序输出结果后退出。

1.5　算法实现

（1）编程实现第一种解法，程序运行结果如图 1-4 所示。

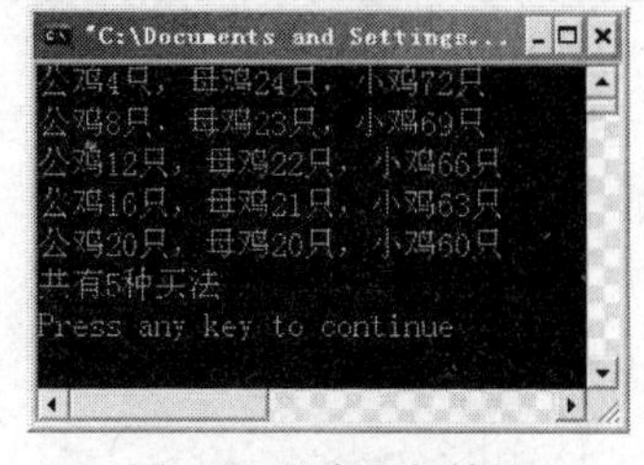

图 1-4　程序运行结果

```
#include <stdio.h>
void main()
{ int  i,j,k; /*定义程序中出现的变量，注意使用合适的数据类型*/
  int  sum=0;                          /*表示可能的组合数*/
  for(i=1;i<=20;i++)                   /*公鸡数目范围*/
      for(j=1;j<=33;j++)               /*母鸡数目范围*/
          for(k=1;k<=100;k++)          /*小鸡数目范围*/
              if((k%3==0)&&(i+j+k==100)&&5*(i+3*j+k/3==100))   /*应该满足的条件*/
              {  printf("公鸡%d 只，母鸡%d 只，小鸡%d 只\n",i,j,k);
                 sum++;
              }
  printf("共有%d 种买法\n",sum);
}
```

（2）根据算法过程，编程实现第二种、第三种解法。

1.6　编程提高及思考

1. 编程提高

（1）编程实现“百马百担”问题：有一百匹马，一百担货，大马驮三担，中马驮二担，两匹小马驮一担，问：大、中、小马各多少匹？

（2）采用穷举法实现“找密码”：某同学有一个 E-mail 邮箱，密码是一个五位数，但因为比较长的时间没有打开这个邮箱，忘记了密码；该同学是 8 月 1 日出生，她妈妈的生日是 9 月 1 日，她喜欢把同时是 81 和 91 的倍数设为密码。她还记得这个密码的中间一位（百位数）是 1，你能设计一个程序帮她找回这个密码吗？

2. 思考

“百钱百鸡”问题中的循环次数还可以减少吗？请思考。

程序利用的是三重循环，想要减少循环次数，可以从以下两方面思考：

（1）减少 i，j，k 三个循环中的某一个或者几个的循环次数。

（2）减少循环结构的重数，三重变两重或者一重。

算法 2 排序算法

——选择排序应用

2.1 目的和要求

（1）了解常见排序算法的基本思想；
（2）掌握冒泡排序、选择排序算法的应用；
（3）学会使用排序算法解决实际问题。

2.2 应用实例

1. 学生成绩排序问题

期末，在统计学生成绩时，需要对学生成绩从低到高进行排序。编程实现成绩排序。

2. 商品销量排序问题

人们在淘宝过程中搜索到商品后，有时会根据商品的销售量作为购买该商品的参考标准之一，可以根据销售量从大到小进行排序，也可从小到大进行排序。编程实现商品销量的排序问题。

2.3 算法分析

1. 排序算法概述

所谓排序，就是使一串记录按照其中某个或某些关键字的大小，递增或递减地排列起来的操作。在计算机程序设计中，排序是一种重要操作，它的功能是将一个数据元素（或记录）的任意序列，重新排列成一个关键字有序的序列。

排序算法可分为直接插入排序、希尔排序，冒泡排序、快速排序，直接选择排序、堆排序，归并排序，基数排序。

2. 冒泡排序

算法思想：将相邻两个数进行比较。

（1）比较第一个数与第二个数，若为逆序 a[0]>a[1]，则交换；然后比较第二个数与第三个数；依此类推，直至第 n-1 个数和第 n 个数比较为止——第一趟冒泡排序，结果最大的数被安置在最后一个元素位置上。

（2）对前 n-1 个数进行第二趟冒泡排序，结果使次大的数被安置在第 n-1 个元素位置。

（3）重复上述过程，共经过 n-1 趟冒泡排序后，排序结束。

例如，　49　38　65　97　76　13　27　30

第一次：38　49　65　97　76　13　27　30

第二次：38　49　65　97　76　13　27　30

第三次：38　49　65　97　76　13　27　30

第四次：38　49　65　76　97　13　27　30

第五次：38　49　65　76　13　97　27　30

第六次：38　49　65　76　13　27　97　30

第七次：38　49　65　76　13　27　30　97

第一趟排序结束，确定最大值 97。依此类推，

第二趟排序结束：38　49　65　13　27　30　76　97

第三趟排序结束：38　49　13　27　30　65　76　97

第四趟排序结束：38　13　27　30　49　65　76　97

第五趟排序结束：13　27　30　38　49　65　76　97

…

由此可知，如有 n 个数，则要进行 n-1 趟比较，在第 i 趟比较中要进行 n-i 次两两比较。

3. 直接选择排序算法

选择法排序的基本思想如下（假设按递增排序即，升序）：

（1）对有 n 个数的序列，从中选出最小的数，与第 0 个数交换位置。

（2）除第 0 个数外，从其余 n−1 个数中选出最小的数，与第 1 个数交换位置。

（3）依此类推，选择 n−1 次后，这个数列已按升序排列。

选择排序过程如下：

初始关键字：　[49 38 65 97 76 13 27 49]

第一趟排序后：13　[38 65 97 76 49 27 49]

第二趟排序后：13 27　[65 97 76 49 38 49]

第三趟排序后：13 27 38 [97 76 49 65 49]

第四趟排序后：13 27 38 49 [49 97 65 76]

第五趟排序后：13 27 38 49 49 [97 97 76]

第六趟排序后：13 27 38 49 49 76 [76 97]

第七趟排序后：13 27 38 49 49 76 76 [97]

最后排序结果：13 27 38 49 49 76 76 97

2.4 算法流程

1. 冒泡排序

通过算法分析得到冒泡排序算法流程图，如图 2-1 所示。

2. 选择排序

通过算法分析得到选择排序算法流程图，如图 2-2 所示。

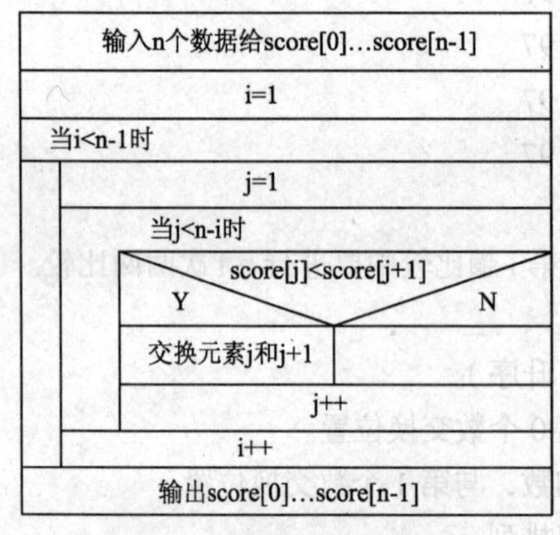

图 2-1 冒泡排序算法流程图

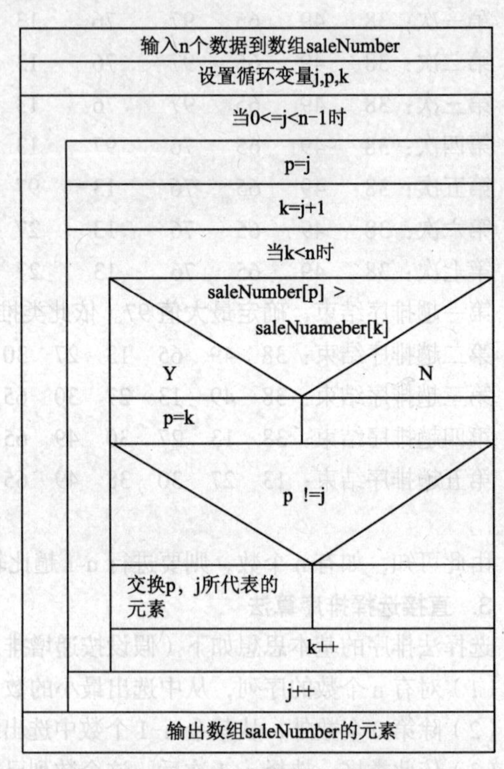

图 2-2 选择排序算法流程图

2.5 算法实现

1. 用冒泡排序算法实现成绩排序。

```
#include <stdio.h>
#define N 10

void main()
{
    int i,j,temp;
    int score[N],n;                    /*score 数组可存放 N 个学生的成绩，n 为实际学生人数*/
    printf("Example 7-4: Bubble Sort.\n");
    printf("Please enter the actual number of the classmates:\n");
    scanf("%d",&n);                    /*输入实际学生人数 n*/
```

```
    printf("Please enter %d students' scores:\n", n);
    for(j = 0;j<n;j++)                        /*循环输入n个学生的成绩*/
        scanf("%d",&score[j]);
    for(i=1;i<n;i++)                          /*排序处理，外循环控制比较趟数*/
    {
        for(j= 0;j < n-i;j++)                 /*内循环控制每趟比较次数*/
            if(score[j] < score[j+1])  /*若后面的元素比前面的元素大，就交换顺序*/
            {
                temp = score[j];
                score[j] = score[j+1];
                score[j+1] = temp;
            }
            printf("\n第%d趟:",i);
            for (j=0; j<n; j++)          /*输出每趟比较的处理结果*/
                printf("%d ",score[j]);
    }
}
```

2. 用选择排序算法实现商品销量排序。

```
#include <stdio.h>
#define N 20
void SelectSort()
{    int j,p,k,temp,saleNumber[N];

     printf("\nPlease input %d numbers:\n",N);
     for(j=0;j<N;j++)
        scanf("%d",& saleNumber [j]);
     for (j=0;j<N-1;j++)
     {  p=j;                                  //第j次选择
       for(k=j+1;k<N;k++)                     //查找最小者p
           if(saleNumber [p]> saleNumber [k]) p=k;
        if(p!=j)                              //交换saleNumber [p]和saleNumber [j]
        {  temp= saleNumber [p];
           saleNumber [p]= saleNumber [j];
           saleNumber [j]=temp;
        }
     }
     for(j=0;j<N;j++)                         //输出排序结果，每行输出10个数后换行
     {  printf("%d ", saleNumber [j]);
       if((j+1)%10==0) printf("\n");
     }
}
void main()
{ SelectSort();
}
```

2.6 编程提高及思考

1. 采用排序算法对输入的一组单词进行排序。
2. 思考：选择排序算法有哪些优点和缺点？
3. 查阅资料，了解其他排序算法的设计与应用。

算法 3

查找算法

——顺序查找实现有序数组元素的插入

3.1 目的和要求

（1）掌握查找的概念；

（2）掌握常见的查找算法的思想；

（3）学会使用查找算法解决实际查找问题。

3.2 应用实例

把一个整数按大小顺序插入已排好序的数组中，编程实现查找插入过程。

3.3 算法分析

1. 查找算法概述

查找，亦称检索，是在大量的数据元素中找到某个特定的数据元素而进行的工作。查找是一种操作。

在计算机应用中，查找是常用的基本运算。常见的查找算法有顺序查找、二分查找、二叉排序树查找和哈希查找。

顺序查找又称线性查找，是从数组的第一个元素开始查找，直到找到待查找元素的位置，查找到结果。最佳的状况时间是 1，即第一个就是待查找的元素；最差的查找状况是 O（n），即最后一个是待查找的元素。

二分查找，是将待查找的数组元素不断分为两部分，每次淘汰二分之一，但是有个大前提，即元素必须是有序的，如果是无序的，则要先进行排序操作。这种查找的方法，类似于找英文字典的 Java，可以一下找到字母 J 开头的，再仔细找。最佳的状况时间是 1，即第一次分开就查找到了；最差的查找状态是 O（n），即待查找的数据出现在最后一次。

二叉排序树查找，是先对待查找的数据进行生成树，确保树的左分支的值小于右分支的值，然后再和每个节点的父节点比较大小，查找最适合的范围。这个算法的查找效率很高，但是如果使用这种查找方法，要首先创建树。

哈希查找是通过计算数据元素的存储地址进行查找的一种方法。简单的操作步骤为：①用给定的哈希函数构造哈希表；②根据选择的冲突处理方法解决地址冲突；③在哈希表的基础上执行哈希查找。哈希查找的本质是先将数据映射成它的哈希值。哈希查找的核心是构造一个哈希函数，将原来直观、整洁的数据映射为看上去似乎是随机的一些整数。

2. 顺序查找算法

顺序查找比较简单，执行的操作是从数据序列中第 1 个元素开始，从头到尾依次逐个查找，直到找到所要的数据或搜索完整个数据序列。

顺序查找的代码实现示例如下所示：

```
int Find(int[] ary,int target)
{ for (int i = 0; i < ary.Length; i++)
 { if (ary[i] == target)
   {  return i;              //找到了就返回找到的位置
   }
 }
 return -1;                  //没找到就返回-1，表示没找到
}
```

顺序查找通常用在无序序列中搜索目标元素。当然，如果序列是有序的，它也能很好地工作，不过比较浪费资源。比较次数：最差 n 次。

针对于无序序列，如果要实现查找序列中所有满足条件的元素，那么比较次数一定是 n 次。因为找到其中一个，并不一定意味着找到所有的，因而要把所有的元素都遍历一遍才行。

如果是有序序列，要查找序列中所有满足条件的元素，比较次数要少一些，只需从开始满足的地方，到第一个不满足的地方就可以结束了，不必等到序列末尾。

顺序查找也可以实现查找序列中的最大元素、最小元素，统计满足某些条件的元素的个数、平均值、求和等功能。

3. 实例分析

为了把一个数按大小插入已排好序的数组中，应首先确定排序是从大到小还是从小到大进行的。设排序是从大到小进行的，则可把欲插入的数与数组中各数逐个比较，当找到第 1 个比插入数小的元素 i 时，该元素之前即为插入位置。然后从数组最后一个元素开始到该元素为止，逐个后移一个单元。最后把插入数赋予元素 i 即可。如果被插入数比所有的元素值都小，则插入最后位置。可以参考顺序查找的设计思想。

3.4 算法流程

根据算法分析，插入算法实现流程图如图 3-1 所示。

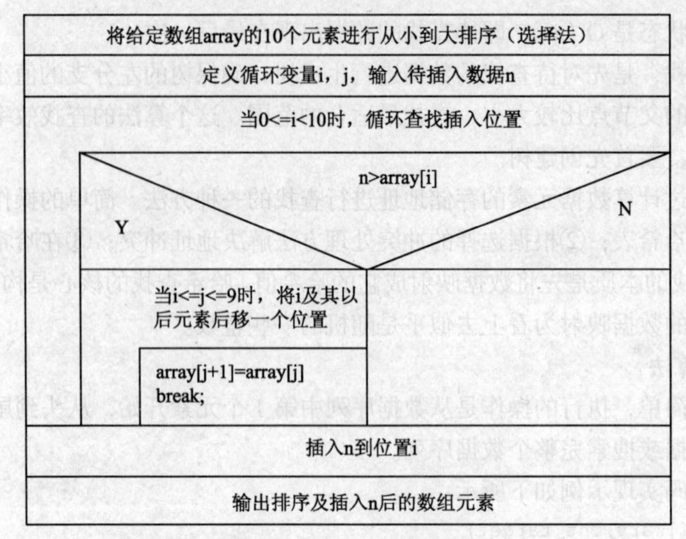

图 3-1　插入算法流程图

3.5 算法实现

参考程序设计如下，程序运行结果如图 3-2 所示。

```
#include <stdio.h>
void InsertToSorted()
{ int i,j,p,q,n;
  int array[11]={127,3,6,28,54,68,87,105,162,18};
  for(i=0;i<10;i++)                               //选择法排序（逆序，从小到大排序）
  {  p=i;
     for(j=i+1;j<10;j++)
       if(array [p]< array [j]) p=j;
     if(p!=i)
     {  q= array [i]; array [i]= array [p]; array [p]=q;  }
     printf("%d  ", array [i]);                   //输出排序结果
  }
  printf("\nInput number:  ");
  scanf("%d",&n);                                 //输入待插入的数
  for(i=0;i<10;i++)
  if(n> array [i])                                //查找到插入位置 i
  {  for(j=9;j>=i;j--)                            //将 i 及其以后的元素向后移动一个位置
     array [j+1]= array [j];
     break;
  }
  array [i]=n;                                    //插入 n 到位置 i
  for(i=0;i<=10;i++)                              //输出排序及插入 n 后的数组元素
  printf("%d  ", array [i]);
  printf("\n");
}
void main()
{  printf("Example: Sort data and insert an integer to sorted data.\n");
```

```
    InsertToSorted();
}
```

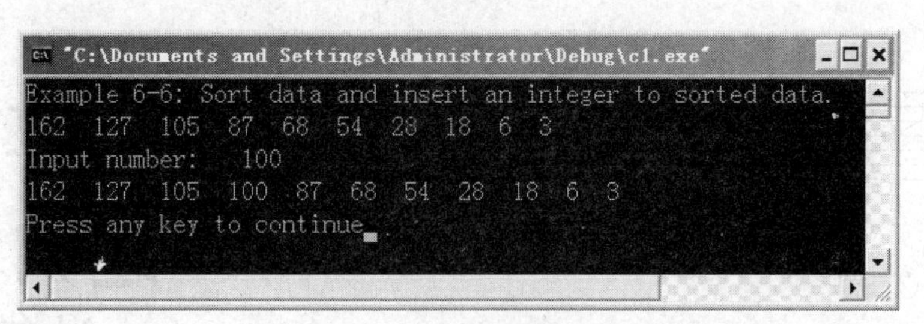

图3-2　程序运行结果

3.6　编程提高及思考

1. 在一组无序数组中采用顺序查找方法查找指定关键字，如在数组{89，78，56，85，32，65，95，67}中查找指定关键字 85，找到返回该数位于数组的下标，若未找到，则输出信息“查找失败”。

2. 查阅资料，了解其他查找算法。

算法 4 递归算法——计算阶乘

4.1 目的和要求

（1）掌握递归算法的基本思想；

（2）掌握递归算法的一般过程；

（3）学会使用递归算法进行程序设计。

4.2 应用实例

解决数学中阶乘计算问题。正整数阶乘指从 1 乘 2 乘 3 乘 4，一直乘到所要求的数。

若所要求的数是 4，则阶乘式是 1×2×3×4，得到的积是 24，24 就是 4 的阶乘。若所要求的数是 6，则阶乘式是 1×2×3×…×6，得到的积是 720，720 就是 6 的阶乘。若所要求的数是 n，则阶乘式是 1×2×3×…×n，设得到的积是 x，x 就是 n 的阶乘。编程实现阶乘计算。

4.3 算法分析

1. 递归算法思想

递归算法就是在程序中不断反复调用自身来达到求解问题的方法。这里的重点是调用自身，这就要求待求解的问题能够分解为相同问题的一个子问题。这样，通过多次递归调用，便可以完成求解。

2. 递归调用

在调用一个函数的过程中又出现直接或间接地调用该函数本身的情况，称为函数的递归调用。能够递归调用的函数是递归函数，又称为自调用函数。

（1）递归调用分类

函数的递归调用分两种情况：直接递归和间接递归。

① 直接递归

调用函数的过程中又调用该函数本身，称为直接递归调用，如图 4-1 所示。

② 间接递归

调用一个函数的过程中调用另一个函数，而在第二个被调用的函数中又需要调用第一个函数，这种情况称为间接递归调用，如图 4-2 所示。

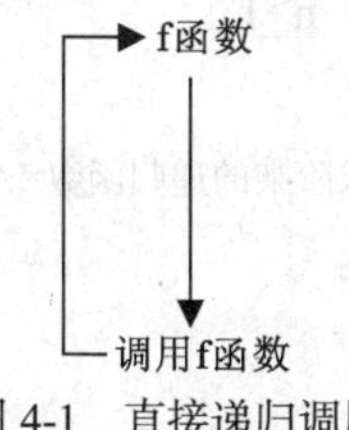

图 4-1　直接递归调用

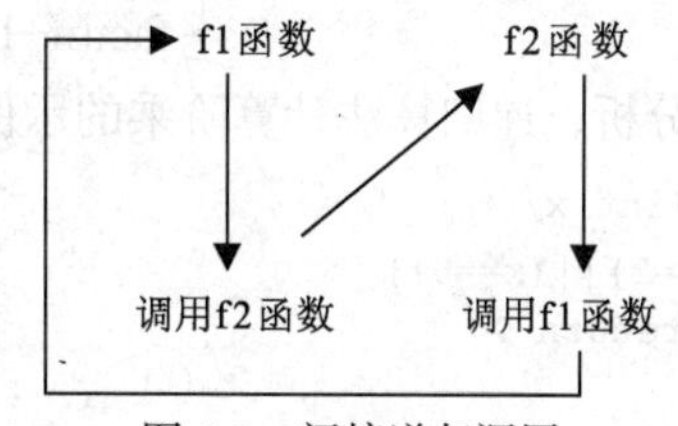

图 4-2　间接递归调用

（2）递归函数工作原理和设计方法

① 工作原理

递归函数执行时将反复调用其自身，每调用一次就进入新的一层。为了防止递归调用无休止地进行，必须在递归函数的函数体中给出递归终止条件。当条件满足时，结束递归调用，返回上一层，从而逐层返回，直到返回最上一层而结束整个递归调用。递归调用时不断深入新的一层和逐层返回都是 C 语言系统自动完成的。程序员主要编写好递归调用函数和递归终止条件。如果在程序中没有设定可以终止递归的条件，将会无限制地进行下去。这是程序设计中要避免的。

② 设计方法

从程序设计的角度考虑，递归算法涉及两个问题：一是递归公式，二是递归终止条件。递归的过程可以这样表述：

```
if(递归终止条件)    return(终止条件下的值);
else               return(递归公式);
```

编写递归函数时，必须使用 if 语句强制函数在未执行递归调用前返回；否则，在调用函数后，它永远不会返回，这是一个很容易犯的错误。

（3）递归的优缺点

① 优点：程序代码更简洁清晰，可读性更好。有些问题，如八皇后问题、汉诺塔问题，用递归可以实现，循环不一定能实现。

② 缺点：递归历程没有明显减少代码规模和节省内存空间，比非递归的运行速度慢一些，而且递归层次太深，还可能导致堆栈溢出。

4.4　算法流程

1. 递归算法设计过程

根据阶乘的定义有

$$
\begin{aligned}
n! &= 1 \times 2 \times 3 \cdots \times (n-2) \times (n-1) \times n \\
&= [1 \times 2 \times 3 \cdots \times (n-2) \times (n-1)] \times n \\
&= (n-1)! \times n
\end{aligned}
$$

即计算 n 的阶乘被归结为计算 n−1 的阶乘。同样的道理，计算 n−1 的阶乘将归结为计算 n−2 的阶乘……最终必将归结到计算 1 的阶乘。这显然是递归的形式，于是可以定义阶乘的递归函数 fact(n)：

$$fact(n)=\begin{cases}1 & n=0,1 \\ fact(n-1)\times n & n>1\end{cases}$$

根据以上分析，递归算法计算阶乘的示例代码如下：

```
int fact(int x)                              /*定义一个求阶乘的递归函数*/
{  if((x==1)||(x==0))
        return 1;
   else
        return (x*facto(x-1));               /*递归调用*/
}
```

2. 算法流程

分析函数 fact()的执行过程，从中可以看到递归函数的运行特点。如在程序中要求计算 4!，则从 facto(4)开始了函数的递归过程。图 4-3 是递归调用和返回的示意图。第一次调用时，形参 x 接收到 4，开始执行，在函数体内 x==1 不成立，所以执行 else 下的 return 语句。执行该语句时，首先计算括号中表达式的值，其中需要调用 facto(x-1)，也就是调用 facto(3)，由此产生第二次调用函数 facto()的过程。第二次调用的过程中，x 的值是 3，仍不满足 x==1，于是产生第三次调用 facto(2)。如此下去，直至调用 facto(1)，x==1 的条件成立，这时执行 if 下的“return 1;”语句，到此为止开始逐步返回。每次返回“函数的返回值乘以 x 的当前值”，其结果作为本次调用的返回值返回给上次调用的函数中。最后返回的是第一次调用 facto(4)的值 24，从而得到了 4! 的计算结果 24。

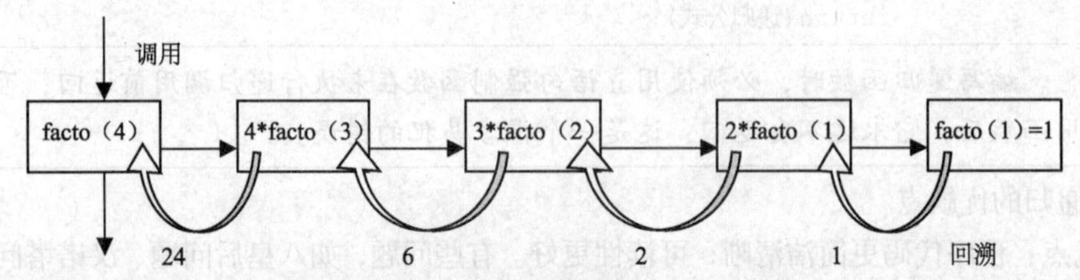

图 4-3　求阶乘递归函数执行 facto(4)的过程

从上面的分析可以看出，递归的执行可以分为两步：

① 递归调用过程。原始的问题不断地转化为规模小一级的新问题，即不断地调用递归函数，不断地由“复杂”到“简单”，一直到“最简单”的情况（称为“递归终止条件”），如本例为“n=1”，计算出函数的值。

② 回溯过程。从已知条件出发，沿递归的逆过程，逐一求值返回，直至递归到初始处。计算工作是在返回的过程中逐层进行的。因此在递归调用时，前面各层的计算还未完成就要进入下一层的计算，各层中的有关数据都要保存在内存的一个特殊区域——堆栈（stack）中，以便返回后接着计算，这一过程由系统自动完成。

4.5　算法实现

参考程序设计如下，运行结果如图 4-4 所示。

```
#include  <stdio.h>
int fact(int x);                                /*函数声明*/
void main()
{ int n;                                        /*定义一个整数保存用于求阶乘的数*/
  int factorial;                                /*定义一个整数保存阶乘值*/
  printf("enter an interage:");
  scanf("%d",&n);
  factorial=fact(n);                            /*求阶乘的递归函数调用*/
  printf("\ninterage %d factorial is: %d\n",a,factorial);
}
int fact(int x)                                 /*定义一个求阶乘的递归函数*/
{ if((x==1)||(x==0)) return 1;
  else return (x*facto(x-1));                   /*递归调用*/
}
```

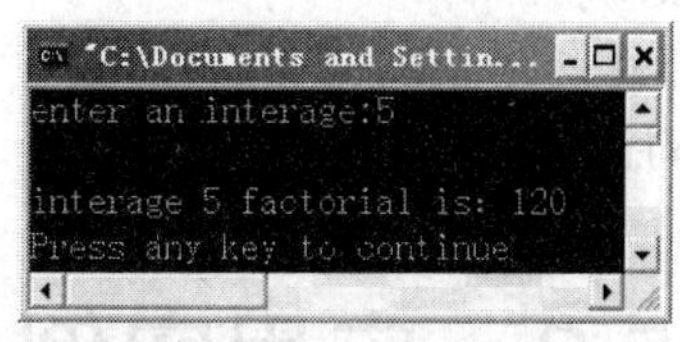

图 4-4　程序运行结果

4.6　编程提高及思考

1. 猴子吃桃。海滩上有一堆桃子，五只猴子来分。第一只猴子把这堆桃子平均分为五份，多了一个，这只猴子把多的一个扔入海中，拿走了一份。第二只猴子把剩下的桃子又平均分成五份，又多了一个，它同样把多的一个扔入海中，拿走了一份。第三、四、五只猴子都是这样做的。问：海滩上原来最少有多少个桃子？

2. 思考：是不是什么问题都可以用递归实现？哪些可以，哪些不可以？

算法 5 递推算法

——兔子产仔

5.1 目的和要求

（1）掌握递推算法的基本思想；

（2）掌握递推算法的适用场合和一般过程；

（3）学会使用递推算法进行程序设计。

5.2 应用实例

数学里面的斐波那契数列是一个使用递推算法的经典例子。

13 世纪，意大利数学家斐波那契在他的《算盘书》中提出这样一个问题：有人想知道一年内一对兔子可繁殖成多少对，便筑了一道围墙把一对兔子关在里面。已知一对兔子每个月可以生一对小兔子，而一对兔子出生后，第三个月开始生小兔子。假如一年内没有发生死亡，则一对兔子一年内能繁殖成多少对？编程实现。

5.3 算法分析

1. 递推算法思想

递推算法是非常常用的算法思想，在数学计算等场合有着广泛的应用。递推算法适合有明显公式规律的场合。

递推算法是一种理性思维模式的代表，根据已有的数据和关系，逐步推导而得到结果。递推算法的执行过程如下：

① 根据已知结果和关系，求解中间结果。

② 判断是否达到要求，如果没有达到，则继续根据已知结果和关系求解中间结果。如果满足要求，则表示寻找到一个正确答案。

递推算法需要用户知道答案和问题之间的逻辑关系。许多数学问题都有明确的计算公式可以遵循，因此可以采用递推算法来实现。

2. 递推算法分类

（1）顺推法

所谓顺推法，是从已知条件出发，逐步推算出要解决的问题的方法。

（2）逆推法

所谓逆推法，是从已知问题的结果出发，用迭代表达式逐步推算出问题开始的条件，即顺推法的逆过程。

3. 分析兔子产仔规律

下面来分析一下兔子产仔问题。先逐月看每月兔子的对数。

第一个月：1 对兔子；

第二个月：1 对兔子；

第三个月：2 对兔子；

第四个月：3 对兔子；

第五个月：5 对兔子；

第六个月：8 对兔子；

……

可以看出，从第三个月开始，每个月的兔子总对数等于前两个月兔子对数的总和。相应的计算公式如下：

第 n 个月兔子总数 $F_n=F_{n-1}+F_{n-2}$。

这里初始第一个月的兔子数 $F_1=1$，第二个月的兔子数 $F_2=1$。

4. 斐波那契数列

根据以上分析，得到一个数列：1，1，2，3，5，8，13，21，…。人们为了纪念斐波那契，就以他的名字命名这个数列为斐波那契数列。该数列的每一项称为斐波那契数。斐波那契数列有许多有趣的性质。除了 $F_n=F_{n-1}+F_{n-2}$ 外，还可以证明它的通项公式为：

$$a_n=\frac{1}{\sqrt{5}}\left[\left(\frac{1+\sqrt{5}}{2}\right)^n-\left(\frac{1-\sqrt{5}}{2}\right)^n\right]$$

可它的每一项却都是整数。而且这个数列中相邻两项的比值，越靠后其值越接近 0.618 黄金比例。这个数列有广泛的应用，如树的年分枝数目就遵循斐波那契数列的规律；而且计算机科学的发展，为斐波那契数列提供了新的应用场所。

5. 递推算法与递归算法比较

相对于递归算法，递推算法免除了数据进出栈的过程，也就是说，不需要函数不断向边界值靠拢，而直接从边界出发，直到求出函数值。

比如阶乘函数：f(n)=n*f(n-1)

在 f(3)的运算过程中，递归的数据流动过程如下：

f(3){f(i)=f(i-1)*i}→f(2)→f(1)→f(0){f(0)=1}→f(1) →f(2) →f(3){f(3)=6}

而递推如下：

f(0) →f(1) →f(2) →f(3)

由此可见，递推的效率要高一些。在可能的情况下，应尽量使用递推。但是递归作为比较基础的算法，其作用不能忽视。在把握这两种算法的时候应该特别注意。

5.4 算法流程

1. 递推算法设计过程

根据兔子产仔分析有：

递推公式：$F_n=F_{n-1}+F_{n-2}$。其中，$F_1=1$，$F_2=1$。

可以用递归公式来求解。为了通用，可以编写一个算法，用于计算斐波那契数列问题。示例代码如下：

```
int Fibonacci(n)                              /*递推算法*/
{ int t1,t2;
  if(n>0)
  {  if(n==1||n==2)
        return 1;
     else
       { t1=Fibonacci(n-1);                   /*递归调用*/
         t2=Fibonacci(n-2);
         return t1+t2;
       }
  }
}
```

2. 递推算法求解兔子产仔问题流程

① 初始数据定义；

② 输入数据：时间；

③ 调用斐波那契数列算法；

④ 输出结果。

5.5 算法实现

参考程序设计如下，程序运行结果如图 5-1 所示。

```
#include  <stdio.h>
int Fibonacci (int n);                         /*函数声明*/
void main()
{ int n,num;                                   /*定义整数变量保存时间和数量*/
  printf("Enter time:");
  scanf("%d",&n);
  num= Fibonacci  (n);
  printf("\n after %d months ,rubbits number is: %d\n",n,num);
}
int Fibonacci(n)                               //递推算法
{ int t1,t2;
  if(n>0)
  { if(n==1||n==2)
       return 1;
```

```
        else
        { t1=Fibonacci(n-1);                    //递归调用
            t2=Fibonacci(n-2);
            return t1+t2;
        }
    }
}
```

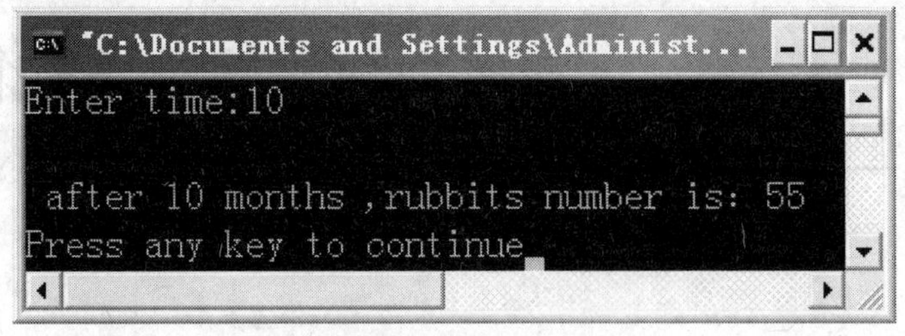

图 5-1　程序运行结果

5.6　编程提高及思考

1. 约瑟夫环是一个数学应用问题：已知 n 个人（以编号 1，2，3，...，*n* 分别表示）围坐在一张圆桌周围。从编号为 k 的人开始报数，数到 m 的那个人出列；他的下一个人又从 1 开始报数，数到 m 的那个人又出列；依此规律重复下去，直到圆桌周围的人全部出列。

2. 一只猴子摘了一堆桃子，第一天它吃了这堆桃子的七分之一，第二天它吃了余下桃子的六分一，第三天它吃了余下桃子的五分之一，第四天它吃了余下桃子的四分之一，第五天它吃了余下桃子的三分之一，第六天它吃了余下桃子的二分之一，这时还剩 12 只桃子。那么第一天和第二天猴子所吃桃子的总数是多少？

算法 6 数论问题
——素数、最大公约数、最小公倍数

6.1 目的和要求

（1）熟悉常见的数论问题；

（2）掌握数论程序设计的一般过程。

6.2 应用实例

编程实现常见的数论问题：

（1）素数；

（2）最大公约数和最小公倍数。

6.3 算法分析

1. 数论概述

数论是研究整数性质的一门理论。我国古代，许多著名的数学著作中都有关于数论内容的论述，比如求最大公约数、勾股数组、某些不定方程整数解的问题等。古希腊时代的数学家对于数论中一个最基本的问题——整除性问题就有系统的研究，关于质数、合数、约数、倍数等一系列概念也被提出来应用。后来各个时代的数学家也都对整数性质的研究作出过重大的贡献，使数论的基本理论逐步得到完善。

本实验讨论其中的素数和最大公约数、最小公倍数。

2. 素数概述

（1）什么是素数

素数即质数。只有 1 和它本身两个正约数的自然数，叫素数（或称质数）。例如，由 2÷1=2，2÷2=1，可知 2 只有 1 和它本身 2 这两个约数，所以 2 就是质数。

与素数相对立的是合数：除了 1 和它本身两个约数外，还有其他约数的数，叫合数。例如，4÷1=4，4÷2=2，4÷4=1，很显然，4 的约数除了 1 和它本身 4 这两个以外，还有约数 2，所以 4 是合数。

（2）判断素数的方法

① 根据素数定义来判断一个数是否为素数。算法思路：

第一步：输入一个整数 n；

第二步：r=n%m，m 的初值为 2；

第三步：判断 r 是否为 0，如果为 0，则 n 不是素数，算法结束。否则转到第四步；

第四步：除数 m++；

第五步：如果 m<n，则返回到第二步继续执行，否则输出 n 是素数，算法结束。

② 用筛选法找出一定范围内的素数。

这种方法可以找出一定范围内的所有的素数。思路是，求 10000 以内的所有素数，把 1～10000 这些数都列出来，1 不是素数，划掉；2 是素数，所有 2 的倍数都不是素数，划掉；取出下一个幸存的数，划掉它的所有倍数；直到所有幸存的数的倍数都被坏掉为止。

3．最大公约数和最小公倍数

（1）相关概念

① 倍数和约数

如果数 a 能被数 b 整除，a 就叫做 b 的倍数，b 就叫做 a 的约数。约数和倍数都表示一个整数与另一个整数的关系，不能单独存在。如只能说 16 是某数的倍数，2 是某数的约数，而不能孤立地说 16 是倍数，2 是约数。

② 最大公约数和最小公倍数

几个整数公有的约数，叫做这几个数的公约数。其中最大的一个，叫做这几个数的最大公约数。例如，12、16 的公约数有±1、±2、±4，其中最大的一个是 4，4 是 12 与 16 的最大公约数，一般记为（12、16）=4。12、15、18 的最大公约数是 3，记为（12、15、18）=3。

几个自然数公有的倍数，叫做这几个数的公倍数。其中最小的一个自然数，叫做这几个数的最小公倍数。例如，4 的倍数有±4、±8、±12、±16……6 的倍数有±6、±12、±18、±24……4 和 6 的公倍数有±12、±24……其中最小的是 12，一般记为[4，6]=12。12、15、18 的最小公倍数是 180，记为[12，15，18]=180。若干个互质数的最小公倍数为它们的乘积的绝对值。

（2）计算最大公约数的常见方法

① 质因数分解法；

② 短除法；

③ 辗转相除法；

④ 更相减损法。

本实验采用辗转相除法，最小公倍数可以根据两数相乘的积除以最大公约数获得。

6.4　算法流程

1．素数程序设计流程

输入一数，判断是否为素数，如果是，返回 1，否则返回 0，实现流程图如图 6-1 所示。

2. **最大公约数和最小公倍数**

辗转相除法，又名欧几里德算法（Euclidean algorithm），是求两个正整数的最大公约数的算法。它是已知最古老的算法，可追溯至 3 000 年前。

（1）执行过程

① 对于已知两自然数 m，n，假设 m>n。

② 计算 m 除以 n，将得到的余数记为 r。

③ 如果 r=0，则 n 为求得的最大公约数，否则执行下面一步。

④ 将 n 值保存到 m 中，将 r 值保存到 n 中，重复执行步骤②与③，直到 r=0，便得到最大公约数。

（2）算法流程图

算法流程图如图 6-2 所示。

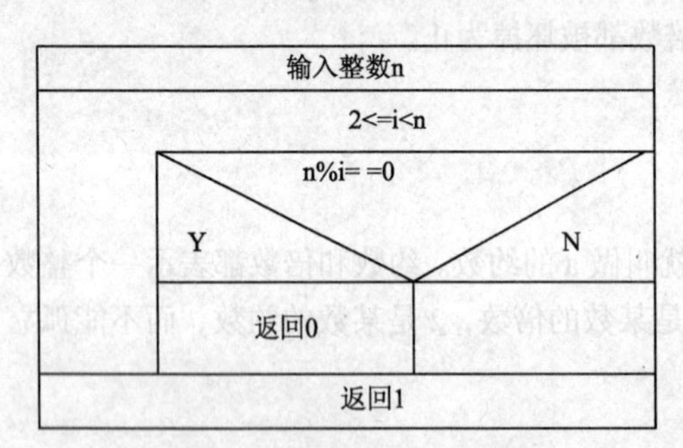

图 6-1 判断一个数是否为素数

自然数m，n，循环变量i
保证m>n
余数r=m%n
r不等于0
m=n;
n=r;
r=m%n
返回 n

图 6-2 求两数的最大公约数

6.5 算法实现

1. **计算素数算法应用**

```
# include <stdio.h>
int isPrime(int n)
{ int i;
  for(i=2;i<n;i++)
  { if(n%i==0)
       return 0;
  }
return 1;
}
void main()
{ int i,n,count;
  n = 1000;
  count = 0;
  printf("列举 1-1000 之间的所有素数：\n");
  for(i=1;i<1000;i++)
  { if(isPrime(i)==1)
```

```
      { printf("%7d",i);
        count++;
        if(count%10==0)                        /*10 个数一行*/
        printf("\n");
      }
   }
   printf("\n");
   }
```

2. **最大公约数与最小公倍数**

程序运行结果如图 6-3 所示。

```
# include <stdio.h>
int gcd(int a,int b)                          /*最大公约数*/
{ int m,n,r;
  if(a>b)
  { m=a;  n=b;    }
  else
  {m=b;  n=a; }
  r= m%n;
  while(r!=0)
  { m=n;   n=r;  r=m%n;    }
 return n;
}
int lcm(int a,int b)                          /*最小公倍数*/
{ int d;
  d = (a*b)/gcd(a,b);
  return d;
}
void main()
{ int a,b,c,d;
  printf("输入两个正整数：\n");
  scanf("%d%d",&a,&b);
  c = gcd(a,b);
  printf("%d 和%d 的最大公约数为：%d\n",a,b,c);
  d = lcm(a,b);
  printf("%d 和%d 的最小公倍数为：%d\n",a,b,d);
}
```

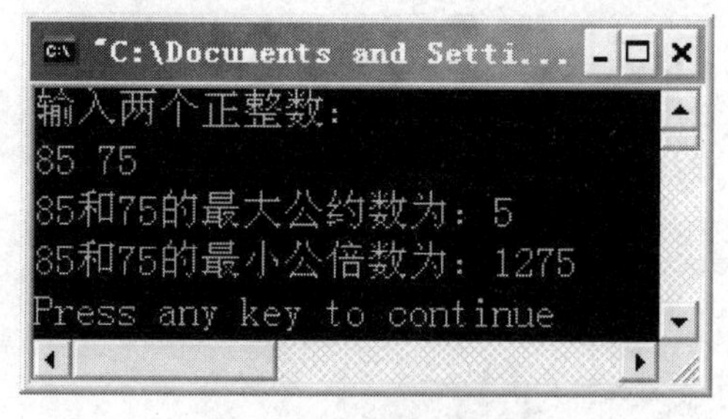

图 6-3 程序运行结果

6.6 编程提高及思考

1. 编程实现完数的判断。

完数（Perfect number），又称完美数或完备数，是一些特殊的自然数。它所有的真因子（除了自身以外的约数）的和（因子函数），恰好等于它本身。如果一个数恰好等于它的因子之和，则称该数为“完数”。

2. 思考：关于素数判断的循环次数可否减少？

提示：检查一个正整数 N 是否为素数，最简单的方法就是试除法：将数 N 用小于等于根号 N 的所有素数去试除，若均无法整除，则 N 为素数（参见素数判定法则）。

3. 思考：求最大公约数的辗转相除法有什么缺点？可否用递归算法实现？还有其他算法吗？查阅资料完善。

第三部分 练习题

- 练习 1　顺序结构
- 练习 2　分支（选择）结构
- 练习 3　循环结构
- 练习 4　数组
- 练习 5　函数
- 练习 6　指针
- 练习 7　结构体与共用体
- 练习 8　文件

第三部分 练习题

练习1 顺序结构

一、选择题

1. C语言中调用printf进行输出时需要注意，在格式控制串中，格式说明与输出项的个数必须相同。如果格式说明的个数小于输出项的个数，多余的输出项将（　　）；如果格式说明的个数大于输出项的个数，则对于多余的格式将输出不定值（或0）。

A. 不予输出　　B. 输出空格

C. 照样输出　　D. 输出不定值或0

2. 下列说法正确的是（　　）。

A. 输入项可以是一个实型常量，如scanf("%f",4.8);

B. 只有格式控制，没有输入项也能进行正确输入，如scanf("a=%d,b=%d");

C. 当输入一个实型数据时，格式控制部分应规定小数点后的位数，如scanf("%5.3f",&f);

D. 当输入数据时，必须指明变量的地址，如scanf("%f",&f);

3. 以下程序的输出结果是（　　）。

```
#include<stdio.h>
void main()
{ int i=010,j=10,k=0x10;
  printf("%d,%d,%d\n",i,j,k);
}
```

A. 8,10,16　　B. 8,10,10　　C. 10,10,10　　D. 10,10,16

4. 以下程序的输出结果是（　　）。

```
#include<stdio.h>
void main()
{ int i=011,j=11,k=0x11;
 printf("%d,%d,%d\n",i,j,k);
}
```

A. 9,11,17　　B. 9,11,11　　C. 11,11,11　　D. 11,11,16

5. 以下程序的输出结果是（　　）。

```
#include<stdio.h>
void main()
{  printf("%d\n",NULL);  }
```

A. 不确定的值（因变量无定义）　　B. 0

C. -1　　D. 1

6. 以下程序的输出结果是（　　）。

```
#include<stdio.h>
void main()
{  char c1='6',c2='0';
   printf("%c,%c,%d,%d\n",c1,c2,c1-c2,c1+c2);
}
```

A. 因输出格式不合法，输出出错信息　　B. 6,0,6,102

C. 6,0,7,6　　D. 6,0,5,7

7. 设有如下定义：

```
int x=10,y=3,z;
```

则语句 printf("%d\n",z=(x%y,x/y));的输出结果是（　　）。

A. 3　　B. 0　　C. 4　　D. 1

8. 以下程序的输出结果是（　　）。

```
#include<stdio.h>
void main()
{ int x=10,y=10;
  printf("%d  %d\n",x--,--y);
}
```

A. 10　10　　B. 9　9　　C. 9　10　　D. 10　9

二、填空题

1. 下列程序的输出结果是________。

```
#include<stdio.h>
void main()
{ char a;
  a='A';
  printf("%d%c",a,a);
}
```

2. 分析下面程序：

```
#include<stdio.h>
void main()
{ int x=2,y,z;
  x*=3+2;printf("%d\n",x);
  x*=y=z=4;printf("%d\n",x);
  x=y=1;
  z=x++-1;printf("%d,%d\n",x,z);
  z+=-x++ +(++y);printf("%d,%d",x,z);
}
```

程序的输出结果是________。

3. 以下程序的输出结果为________。

```
#include<stdio.h>
void main()
{ float  a=3.14, b=3.14159;
  printf("%f, %5.3f\n",a,b);
}
```

4. 以下程序的输出结果为________。

```
#include<stdio.h>
```

```
void main()
{ char c1,c2;
  c1='a';
  c2='\n';
  printf("%c%c",c1,c2);
}
```

三、编程题

1. 从键盘上输入一个大写字母，要求改用小写字母输出。
2. 编写程序，求方程 $ax^2+bx+c=0$ 的解 x。
3. 请编写一个程序，能显示出以下两行文字。

```
I am a student.
I love China.
```

练习 2　分支（选择）结构

一、选择题

1. 下列运算符中，优先级最高的是（　　）。

A. >　　B. +　　C. &&　　D. !=

2. 逻辑运算符的运算对象的数据类型（　　）。

A. 只能是 0 或 1　　B. 只能是.T.或.F.

C. 只能是整型或字符型　　D. 可以是任何类型的数据

3. 以下程序的运行结果是（　　）。

```
#include<stdio.h>
void main()
{ int  c,x,y;
  x=1;
  y=1;
  c=0;
  c=x++||y++;
  printf("\n%d%d%d\n",x,y,c);
}
```

A. 110　　B. 211　　C. 011　　D. 001

4. 以下程序的运行结果是（　　）。

```
#include<stdio.h>
void main()
{ int  c,x,y;
  x=0;
  y=0;
  c=0;
  c=x++&&y++;
  printf("\n%d%d%d\n",x,y,c);
}
```

A. 100　　B. 211　　C. 011　　D. 001

5. 判断字符型变量 ch 为大写字母的表达式是（　　）。

A. 'A'<=ch<='Z'　　B.（ch>='A'）&（ch<='Z'）

C. (ch>='A')&&(ch<='Z')　　D. (ch>='A')AND(ch<='Z')

6. 分析以下程序：

```
#include<stdio.h>
void main()
{ int  x=5,a=0,b=0;
  if(x=a+B.    printf("** **\n");
  else         printf("## ##\n");
}
```

该程序（　　）。

A. 有语法错，不能通过编译　　B. 通过编译，但不能连接

C. 输出** **　　D. 输出## ##

7. 两次运行下面的程序，如果从键盘上分别输入 6 和 4，则输出结果是（　　）。

```
#include<stdio.h>
void main()
{ int x;
  scanf("%d",&x);
  if(x++>5) printf("%d",x);
  else  printf("%d\n",x--);
 }
```

A. 7 和 5　　B. 6 和 3　　C. 7 和 4　　D. 6 和 4

8. 下面程序的执行结果是（　　）。

```
#include<stdio.h>
void main()
{ int  x,y=1;
  if(y!=0)     x=5;
  printf("%d\t",x);
  if(y==0)   x=3;
  else  x=5;
  printf("%d\t\n",x);
}
```

A. 1　3　　B. 1　5　　C. 5　3　　D. 5　5

9. 假定所有变量均已正确说明，下列程序段运行后，x 的值是（　　）。

```
a=b=c=0;x=35;
if(!a) x=-1;
else if(b);
if(c) x=3;
else  x=4;
```

A. 34　　B. 4　　C. 35　　D. 3

10. 以下关于运算符优先顺序的描述中，正确的是（　　）。

A. 关系运算符<算术运算符<赋值运算符<逻辑运算符

B. 逻辑运算符<关系运算符<算术运算符<赋值运算符

C. 赋值运算符<逻辑运算符<关系运算符<算术运算符

D. 算术运算符<关系运算符<赋值运算符<逻辑运算符

二、编程题

1. 编写一个程序，要求由键盘输入三个数，计算以这三个数为边长的三角形的面积。

2. 编写程序，对于给定的一个百分制成绩，输出相应的五分制成绩。设 90 分以上为 A，80~89

分为 B，70~79 分为 C，60~69 分为 D，60 分以下为 E。

3. 编写程序，判断某一年是否是闰年。

4. 输入 3 个实数 a, b, c，要求按从大到小的顺序输出三个数。

练习 3 循环结构

一、选择题

1. while 循环语句中，while 后一对圆括号中表达式的值决定了循环体是否进行。因此，进入 while 循环后，一定有能使此表达式的值变为（　　）的操作，否则，循环将会无限制地进行下去。

A. 0　　B. 1　　C. 成立　　D. 2

2. 在 do…while 循环中，循环由 do 开始，用 while 结束；必须注意的是，while 表达式后面的（　　）不能丢，它表示 do…while 语句的结束。

A. 0　　B. 1　　C. ;　　D. ,

3. for 语句中的表达式可以部分或全部省略，但两个（　　）不可省略。当三个表达式均省略后，因缺少条件判断，循环会无限制地执行下去，形成死循环。

A. 0　　B. 1　　C. ;　　D. ,

4. 程序段如下：

```
int k=-20;
while(k=0)  k=k+1;
```

则以下说法中正确的是（　　）。

A. while 循环执行 20 次　　B. 循环是无限循环

C. 循环体语句一次也不执行　　D. 循环体语句执行一次

5. 在下列程序中，while 循环的循环次数是（　　）。

```
#include<stdio.h>
void main()
{ int  i=0;
  while(i<10)
  {if(i<1)  continue;
   if(i==5)  break;
    i++;
  }
...
}
```

A. 1　　B. 10　　C. 6　　D. 死循环，不能确定次数

6. 程序段如下：

```
int k=0;
while(k++<=2);    printf("last=%d\n",k);
```

则执行结果是 last=（　　）。

A. 2　　B. 3　　C. 4　　D. 无结果

7. 执行下面的程序后，a 的值为（　　）。

```
#include<stdio.h>
void main()
{int a,b;
```

```
 for(a=1,b=1;a<=100;a++)
   { if(b>=20)break;
    if(b%3==1)
      {  b+=3;
        continue;
      }
    b-=5;
    }
}
```

A. 7　　B. 8　　C. 9　　D. 10

8. 以下程序的输出结果是（　　）。

```
#include<stdio.h>
void main()
{ int x=3;
  do
  {   printf("%3d",x-=2);
  }while(--x);
}
```

A. 1　　B. 30 3　　C. 1 -2　　D. 死循环

9. 定义如下变量：

```
int n=10;
```

则下列循环的输出结果是（　　）。

```
while(n>7)
{ n--;
  printf("%d\n",n);
}
```

A.	B.	C.	D.
10	9	10	9
9	8	9	8
8	7	8	7
		7	6

10. 以下程序的输出结果是（　　）。

```
#include<stdio.h>
void main()
{ int i;
  for(i=1;i<=5;i++)
  { if(i%2)printf("#");
     else continue;
     printf("*");
  }
  printf("$\n");
}
```

A. *#*#*#$　　B. #*#*#*$　　C. *#*#$　　D. #*#*$

11. 以下程序的输出结果是（　　）。

```
#include<stdio.h>
void main()
{ int a=0,i;
  for(i=1;i<5;i++)
  {  switch(i)
     { case 0:
     case 3:a+=2;
```

```
    case 1:
    case2:a+=3;
    default:a+=5;
  }
}
printf("%d\n",a);
}
```

A. 31　　B. 13　　C. 10　　D. 20

12. 以下程序的输出结果是（　　）。

```
#include<stdio.h>
void main()
{ int i=0,a=0;
  while(i<20)
  {  for(;;)   {if((i%10)= =0) break;else i--;}
    i+=11; a+=i;
  }
 printf("%d\n",a);
}
```

A. 21　　B. 32　　C. 33　　D. 11

13. 当输入"quert?"时，下面程序的执行结果是（　　）。

```
#include<stdio.h>
void main()
{ char c;
  c=getchar();
  while(c!='?')
  { putchar(c);
    c=getchar();
  }
}
```

A. quert　　B. Rvfsu　　C. quert?　　D. rvfsu?

二、编程题

1. 请编写一程序，将所有“水仙花数”打印出来，并打印出其总数。“水仙花数”是一个个位数的立方和等于该整数的三位数。

2. 一个数如果恰好等于它的因子（除自身外）之和，则称该数为完数。例如 6=1+2+3，6 就是完数。请编写一程序，求出 1 000 以内的整数中所有的完数。其中，1 000 由用户输入。

3. 从键盘上输入一个整数，按输入顺序的反方向输出，如输入 12345，要求输出的结果是 54321。

练习 4　数组

一、选择题

1. 在 C 语言中，引用数组元素时，其数组下标的数据类型允许是（　　）。

A. 整型常量　　B. 整型常量或整型表达式

C. 整型表达式　　D. 任何类型的表达式

2. 对一维整型数组 a 的正确说明是（　　）。

A. int a(10);　　B. int n=10,a[n];

C. int n; scanf("%d",&n); int a[n];　　D. #define SIZE 10　　int a[SIZE];

3. 下列定义中正确的是（　　）。

A. int a[]={1,2,3,4,5};　　B. int b[]={2,5}

C. int a(10) ;　　D. int 4e[4];

4. 若有说明 int a[][4]={0,0};，则下列叙述不正确的是（　　）。

A. 数组 a 的每个元素都可以得到初值 0

B. 二维数组 a 的第一维的大小为 1

C. 因为对二维数组 a 的第二维大小的值除以初值个数的商为 1，故数组 a 的行数为 1

D. 只有元素 a[0][0]和 a[0][1]可得到初值 0，其余元素均得不到初值

5. 设有 char str[10]，下列语句正确的是（　　）。

A. scanf("%s",&str);　　B. printf("%c",str);

C. printf("%s",str[0]);　　D. printf("%s",str);

6. 下列说法正确的是（　　）。

A. 在 C 语言中，可以使用动态内存分配技术定义元素个数可变的数组

B. 在 C 语言中，数组元素的个数可以不确定，允许随机变动

C. 在 C 语言中，数组元素的数据类型可以不一致

D. 在 C 语言中，定义一个数组后，就确定了它所容纳的具有相同数据类型元素的个数

7. 下列字符串赋值语句中，不能正确把字符串 C program 赋给数组的语句是（　　）。

A. char　a[]={'C',' ','p','r','o','g','r','a','m','\0'};

B. char　a[10]; strcpy(a2,"C　program");

C. char　a[10]; a= "C　program";

D. char　a[10]={ "C　program"};

8. 判断字符串 a 和 b 是否相等，应当使用（　　）。

A. if (a= =b)　　B. if (a= b)

C. if (strcpy(a, b)　　D. if(strcmp(a, b)

9. 有字符数组 a[80]和 b[80]，则正确的输出语句是（　　）。

A. puts (a, b);　　B. printf("%s,%s",a[],b[]);

C. putchar(a, b);　　D. puts(a),puts(b);

10. 若有如下定义和语句：

```
char   s[12]= "a□book!";
printf("%d",strlen(s) );
```

则输出结果是（　　）。

A. 12　　B. 10　　C. 7　　D. 6

11. 分析下列程序：

```
#include<stdio.h>
void main()
{ int n[3],i,j,k;
  for(i=0;i<3;i++)
    n[i]=0;
 k=2;
for(i=0;i<k;i++)
  for(j=0;j<k;j++)
```

```
      n[j]=n[i]+1;
  printf("%d\n",n[1]);
}
```

程序运行后，输出的结果是（ ）。

A. 2　　B. 1　　C. 0　　D. 3

12. 若有以下定义:

```
int  a[5]={ 5, 4, 3, 2, 1 } ;
char b= 'a', c, d, e;
```

则下面表达式中，数值为 2 的是（ ）。

A. a [3]　　B. a [e-c]　　C. a [d-b]　　D. a [e-b]

13. 以下能对二维数组 a 进行正确说明和初始化的语句是（ ）。

A. int a( )(3)={ (1, 0, 1), (2, 4, 5) };

B. int a[2][]={ { 3, 2, 1 }, { 5, 6, 7 } };

C. int a[][3]={ { 3, 2, 1 }, { 5, 6, 7 } };

D. int a(2)( )={ (1, 0, 1), (2, 4, 5) };

二、读程序写结果题

1. 以下程序可求出所有水仙花数（指三位正整数中各位数字立方和等于该数本身，如 $153=1^3+5^3+3^3$），请填空。

```
#include<stdio.h>
void main()
{ int  x, y ,z, a[10], m, i=0;
  printf("shui xian huan shu :\n");
  for(____【1】____;m<1000;m++)
  {  x=m/100;
     y=____【2】____;
     z=m%10;
     if(m==x*x*x+y*y*y*y+z*z*z)
       {____【3】____;  i ++; }
  }
  for( x=0;x<i ; x++)
  printf("%6d",a[x] ) ;
}
```

2. 打印以下杨辉三角形。（要求打印出 10 行）

```
#include<stdio.h>
void main()
{ int a[10][10],i, j ;                1
  for( i=0;i<10;i++)                  1  1
  {____【1】____ ____【2】____}       1  2  1
  for( i=2; i<10; i++ )               1  3  3  1
   for(j=1; j<i ; j++ )               1  4  6  4  1
    a[i][j] =____【3】____;           …  …  …
  for(i=0; i<10; i++)
    { for( j=1; j<=i; j++)
      printf("%5d",a[i][j]);
      printf("\n");}
}
```

3. 用冒泡法对 10 个数由大到小排序。

```
#include<stdio.h>
void main()
{ int a[11], i, j, t;
  printf("input 10 numbers: \n");
  for(i=1;i<11;i++)
  scanf("%d",&a[i]);
  printf("\n");
  for (j=1;j<=9;j++)
for(i=1;    【1】    ; i++)
  if (    【2】    )
    {    【3】    a[i]=a[i+1];    【4】    }
 printf("the sorted numbers: \n");
 for ( i=1; i<11; i++)
   printf("%d",a[i]);
}
```

三、编程题

1. 用冒泡法对 10 个数从大到小排序。
2. 有一个 5*5 二维数组，试编程求周边元素及对角线元素之和，并输出该数组值最小的元素。
3. 编一程序，从键盘输入 10 个整数并保存到数组，求出这 10 个整数的最大值及平均值。
4. 输入一个 3*4 二维数组，输出该数组，并找出该数组中的最大元素，输出该元素及其下标。

练习 5　函数

一、选择题

1. 以下函数定义正确的是（　　）。

   A. double　fun(int x, int y)　　B. double　fun(int x;　int y)

   C. double　fun(int x, int y) ;　　D. double　fun(int　x , y)

2. C 语言规定，简单变量作实参，它与对应形参之间的数据传递方式是（　　）。

   A. 地址传递　　B. 单向值传递

   C. 双向值传递　　D. 由用户指定传递方式

3. 以下关于 C 语言程序中函数的说法正确的是（　　）。

   A. 函数的定义可以嵌套，但函数的调用不可以嵌套

   B. 函数的定义不可以嵌套，但函数的调用可以嵌套

   C. 函数的定义和调用均不可以嵌套

   D. 函数的定义和调用都可以嵌套

4. 以下函数形式正确的是（　　）。

   A. double fun(int x,int y)
      {z=x+y;return z;}

   B. fun (int x,y)
      {int z;return z;}

   C. fun(x,y)
      {int x,y;　double z;
      z=x+y;　　return　z;}

   D. double fun(int x,int y)
      {double　z;
      z=x+y;　return z;}

5. 关于 C 语言，以下说法不正确的是（　　）。
   A. 实参可以是常量、变量或表达式
   B. 形参可以是常量、变量或表达式
   C. 实参可以是任意类型
   D. 形参应与其对应的实参类型一致
6. C 语言允许函数值类型缺省定义，此时该函数值隐含的类型是（　　）。
   A. float 型　　B. int 型　　C. long 型　　D. double 型
7. 关于函数调用，以下描述错误的是（　　）。
   A. 出现在执行语句中　　B. 出现在一个表达式中
   C. 作为一个函数的实参　　D. 作为一个函数的形参
8. 若用数组名作为函数调用的实参，传递给形参的是（　　）。
   A. 数组的首地址　　B. 数组第一个元素的值
   C. 数组中全部元素的值　　D. 数组元素的个数
9. 如果在一个函数中的复合语句中定义了一个变量，则该变量（　　）。
   A. 只在该复合语句中有效　　B. 在该函数中有效
   C. 在本程序范围内有效　　D. 为非法变量
10. 以下说法不正确的是（　　）。
    A. 在不同函数中可以使用相同名字的变量
    B. 形式参数是局部变量
    C. 在函数内定义的变量只在本函数范围内有效
    D. 在函数内的复合语句中定义的变量在本函数范围内有效
11. 下面程序的运行结果是（　　）。

```
#include<stdio.h>
void main()
{ int a=2, i;
  for(i=0;i<3;i++)    printf("%4d",f(a));
}
  int f( int a)
  { int b=0;
   static  int c=3;
   b++;  c++;
   return (a+b+c);
}
```

    A. 7 7 7　　B. 7 10 13
    C. 7 9 11　　D. 7 8 9
12. C 语言规定，函数返回值类型由（　　）。
    A. return 语句中的表达式类型决定
    B. 调用该函数时的主调函数类型决定
    C. 调用该函数时系统临时决定
    D. 定义该函数时所指定的函数类型决定
13. 下面函数调用语句中，实参的个数为（　　）。

```
func((exp1,exp2),(exp3,exp4,exp5))
```

    A. 1　　B. 2　　C. 4　　D. 5

14. 有如下程序：

```
int runc(int a,int b)
{ return(a+b);}
#include<stdio.h>
void main()
{ int x=2,y=5,z=8,r;
  r=func(func(x,y),z);
  printf("%\d\n",r);
}
```

该程序的输出结果是（　　）。

A. 12　　B. 13　　C. 14　　D. 15

15. 有如下程序：

```
long fib(int n)
{ if(n>2) return(fib(n-1)+fib(n-2));
  else return(2);
}
#include<stdio.h>
void main()
{ printf("%d\n",fib(3)); }
```

该程序的输出结果是（　　）。

A. 2　　B. 4　　C. 6　　D. 8

16. 以下程序的运行结果是（　　）。

```
#include "stdio.h"
int f(int a)
void main( )
{ int a=2, i ;
 for(i=0;i<3;i++)    printf("%4d",f(a)) ;
}
f( int (a)
{  int b=0,c=3;
   b++;  c++;   return(a+b+c);
}
```

A. 7　10　13　　B. 7　7　7

C. 7　9　11　　D. 7　8　9

17. 下面程序的输出结果是（　　）。

```
int  m=13;
int  fun( int x,  int  y)
{ int m=3;
  return( x*y-m);
}
#include "stdio.h"
void main( )
{ int a=7,b=5;
 printf("%d\n", fun(a,b)/m);
}
```

A. 1　　B. 2　　C. 7　　D. 10

二、编程题

1. 一个数组内有10个学生的英语成绩，写一个函数，求出平均分。

2. 用递归函数 sum 计算 1+2+3+…+n 的值，并在主函数中输出调用 sum（100）的结果。

3. 用函数的递归调用计算 n!。

练习 6　指针

一、选择题

1. 变量的指针是指该变量的（　　）。

A. 值　　B. 地址　　C. 名　　D. 一个标志

2. 若有以下定义，则对 a 数组元素引用正确的是（　　）。

```
int a[5], *p=a;
```

A. * &a[5]　　B. a+2　　C. * (p+5)　　D. * (a+2)

3. 若有以下定义，则对 a 数组元素地址引用正确的是（　　）。

```
int a[5], *p=a;
```

A. p+5　　B. * a+1　　C. &a+1　　D. &a[0]

4. 若有定义：int a[2][3]；则对 a 数组的第 i 行第 j 列（假设 i，j 已正确说明并赋值）元素值引用正确的为（　　）。

A. * (* (a +i) +j)　　B. (a+i) [j]

C. * (a+i+j)　　D. * (a +i)+j

5. 若有定义： int a[2][3]；则对 a 数组的第 i 行第 j 列（假设 i，j 已正确说明并赋值）元素地址引用正确的为（　　）。

A. * (a [i] +j)　　B. (a+i)

C. * (a+j)　　D. a[i]+j

6. 若有语句：char s1[ ]= "string "， s2[8]， * s3， * s4= "string2 "；则对库函数 strcpy 的调用错误的是（　　）。

A. strcpy(s1, "string2 ");　　B. strcpy(s4, "string1 ");

C. strcpy(s3, "string1 ");　　D. strcpy(s1, s2);

7. 若有定义：int a[5]；则 a 数组中首元素的地址可以表示为（　　）。

A. &a　　B. a+1　　C. a　　D. &a[1]

8. 以下与 int * q[5]；等价的定义语句是（　　）。

A. int q[5]　　B. int * q

C. int * (q[5]);　　D. int (* q)[5];

9. 若有定义：int * p[4]；则标识符 p（　　）。

A. 是一个指向整型变量的指针

B. 是一个指针数组名

C. 是一个指针，它指向一个含有 4 个整型元素的一维数组

D. 说明不合法

10. 若有说明：int *p,m=5,n;以下程序段正确的是（　　）。

A. p=&n; scanf("%d",&p);　　B. p=&n; scanf("%d",*p);

C. scanf("%d",&n); *p=n;　　D. p=&n; *p=m;

11. 下面程序段的运行结果是（　　）。

```
char  str[ ]="ABC",*p=str;
printf("%c\n",*(p+1));
```

A. 66　　B. BC

C. 字符'B'的地址　　D. 字符'B'

12. 已有定义 int k=2, *ptr1,*ptr2;且 ptr1 和 ptr2 均已指向同一个变量 k，下面赋值语句执行不正确的是（　　）。

A. k=*ptr1+*ptr2 ;　　B. ptr2=k;

C. ptr1=ptr2;　　D. k=*ptr1*(*ptr2);

13. 有以下程序：

```
#include "stdio.h"
void main()
{ int x[8]={8,7,6,5,0,0},*s;
  s=x+3;
  printf("%d\n",s[2]);
}
```

执行后输出结果是（　　）

A. 随机值　　B. 0　　C. 5　　D. 6

14. 有如下程序段：

```
int *p,a=10,b=1
p=&a; a=*p+b;
```

执行该程序段后，a 的值为（　　）。

A. 12　　B. 11　　C. 10　　D. 编译出错

二、编程题

1. 编写一个程序，计算一个字符串的长度。
2. 求二维数组中的最小值及其下标。
3. 输入一行文章，找出其中的大写字母、小写字母、空格、数字及其他字符各有多少。

练习 7　结构体与共用体

一、选择题

1. 在说明一个结构体变量时，系统分配给它的存储空间是（　　）。

A. 该结构体中第一个成员所需存储空间

B. 该结构体中最后一个成员所需存储空间

C. 该结构体中占用最大存储空间的成员所需存储空间

D. 该结构体中所有成员所需存储空间的总和

2. 若有以下说明和语句：

```
struct  worker
{ int no;   char  *name;  }work, *p=&work;
```

则以下引用方式不正确的是（　　）。

A. work. no　　B. (* p). no　　C. p->no　　D. work->no

3. 有如下定义：

```
struct  date   { int  year, month, day;  };
struct  worklist  { char name[20];  char  sex;
struct  date  birthday;   }person;
```

对结构体变量 person 的出生年份进行赋值时，下面赋值语句正确的是（　　）。

A. year=1958　　B. birthday.year=1958

C. person.birthday.year=1958　　D. person.year=1958

4. 以下对结构体类型变量的定义中，不正确的是（　　）。

A.
```
#define   STUDENT   struct student
STUDENT
{ int    num;
  float   age;  }std1;
```

B.
```
struct student
{ int    num;
  float   age;
}std1;
```

C.
```
struct
{ int    num;
  float   age;
}std1;
```

D.
```
struct
{ int    num;
  float   age;  } student;
struct student std1;
```

5. 设有以下说明语句：

```
struct stu
{ int  a;  float  b; }stutype;
```

则下列叙述不正确的是（　　）。

A. struct 是结构体类型的关键字

B. struct stu 是用户定义的结构体类型

C. stutype 是用户定义的结构体类型名

D. a 和 b 都是结构体成员名

6. C 语言结构体类型变量在程序执行期间，（　　）。

A. 所有成员一直驻留在内存中　　B. 只有一个成员驻留在内存中

C. 部分成员驻留在内存中　　D. 没有成员驻留在内存中

7. int 类型占 4 个字节，以下程序的运行结果是（　　）。

```
# include   <stdio.h>
void main( )
{ struct  date
  { int  year, month, day;  }today;
  printf("%d\n",sizeof(struct date));
}
```

A. 6　　B. 8　　C. 10　　D. 12

8. 有如下定义：

```
struct person{char name[9]; int age;};
struct person class[10]={"Johu", 17, "Paul", 19, "Mary", 18, "Adam, "16"};
```

根据上述定义，能输出字母 M 的语句是（　　）。

A. printf ("%c\n",class[3]. name);

B. printf("%c\n",class[3].name[1]);

C. printf ("%c\n",class[2].name[1]);

D. printf("%^c\n",class[2].name[0]);

9. 设有如下定义：

```
struct ss
{ char name[10];
  int age;
  char sex;
} std[3],* p=std;
```

下面输入语句中错误的是（　　）。

A. scanf("%d",&(*p).age);　　B. scanf("%s",&std.name);

C. scanf("%c",&std[0].sex);　　D. scanf("%c",&(p->sex))

10. 设有以下说明语句，则下面的叙述中不正确的是（　　）。

```
struct ex {
    int x ; float y; char z ;} example;
```

A. struct 结构体类型的关键字　　B. example 是结构体类型名

C. x，y，z 都是结构体成员名　　D. struct ex 是结构体类型

11. 若程序中有下面的说明和定义：

```
struct  stt
{  int x;
   char b;
}
struct stt a1,a2;
```

则会发生的情况是（　　）。

A. 程序将顺利编译、连接、执行

B. 编译出错

C. 能顺利通过编译、连接，但不能执行

D. 能顺利通过编译，但连接出错

12. 已知学生记录定义为：

```
struct student
{  int no;
   char name[30];
   struct
   {  unsigned int year;
      unsigned int month;
      unsigned int day;
   }birthday;
} stu;
struct student *t = &stu;
```

若要把变量 t 中的生日赋值为“1980 年 5 月 1 日”，则正确的赋值方式为（　　）。

A. year = 1980;
month = 5;
day = 1;

B. t.year = 1980;
t.month = 5;
t.day = 1;

C. t.birthday.year = 1980;
t.birthday.month = 5;
t.birthday.day = 1;

D. t-> birthday.year = 1980;
t-> birthday.month = 5;
t-> birthday.day = 1;

13. 以下结构类型可用来构造链表的是（　　）。

A. struct aa{ int a；int * b；}；　　B. struct bb{ int a；struct　bb * b；}；

C. struct cc{ int * a; cc b; };　　　　D. struct dd{ int * a; aa b; };

二、编程题

1. 试利用结构体类型编制一程序，实现输入一个学生的数学期中和期末成绩，然后计算并输出其平均成绩。

2. 试利用指向结构体的指针编制一程序，实现输入三个学生的学号、数学期中和期末成绩，然后计算其平均成绩，并输出成绩表。

练习 8 文件

一、选择题

1. 当已存在一个 abc.txt 文件时，执行函数 fopen ("abc.txt", "r++")的功能是（　　）。

A. 打开 abc.txt 文件，清除原有的内容

B. 打开 abc.txt 文件，只能写入新的内容

C. 打开 abc.txt 文件，只能读取原有内容

D. 打开 abc.txt 文件，可以读取和写入新的内容

2. 若用 fopen( )函数打开一个新的二进制文件，该文件可以读，也可以写，则文件打开模式是（　　）。

A. "ab+"　　B. "wb+"　　C. "rb+"　　D. "ab"

3. 使用 fseek 函数可以实现的操作是（　　）。

A. 改变文件的位置指针的当前位置

B. 文件的顺序读写

C. 文件的随机读写

D. 以上都不对

4. fread(buf,64,2,fp)的功能是（　　）。

A. 从 fp 文件流中读出整数 64，并存放在 buf 中

B. 从 fp 文件流中读出整数 64 和 2，并存放在 buf 中

C. 从 fp 文件流中读出 64 个字节的字符，并存放在 buf 中

D. 从 fp 文件流中读出两个 64 个字节的字符，并存放在 buf 中

5. 以下程序的功能是（　　）。

```
void main( )
{FILE  *fp;   char str[ ]="HELLO";   fp=fopen("PRN","w");   fpus(str,fp);fclose(fp);  }
```

A. 在屏幕上显示“HELLO”　　B. 把“HELLO”存入 PRN 文件中

C. 在打印机上打印出“HELLO”　　D. 以上都不对

6. 若 fp 是指向某文件的指针，且已读到此文件末尾，则库函数 feof(fp)的返回值是(　　)。

A. EOF　　B. 0　　C. 非零值　　D. NULL

7. 以下叙述中不正确的是（　　）。

A. C 语言中的文本文件以 ASCII 码形式存储数据

B. C 语言中对二进制位的访问速度比文本文件快

C. C 语言中，随机读写方式不适用于文本文件

D. C语言中，顺序读写方式不适用于二进制文件

8. 以下程序企图把从终端输入的字符输出到名为abc.txt的文件中，直到从终端读入字符#时结束输入和输出操作，但程序有错。

```
#include <stdio.h>
void main()
{ FILE *fout; char ch;
  fout=fopen('abc.txt','w');
  ch=fgetc(stdin);
  while(ch!='#')
   { fputc(ch,fout);
     ch =fgetc(stdin);
   }
 fclose(fout);
}
```

出错的原因是（　　）。

A. 函数fopen调用形式有误　　B. 输入文件没有关闭

C. 函数fgetc调用形式有误　　D. 文件指针stdio没有定义

9. 若fp为文件指针，且文件已正确打开，i为long型变量，则以下程序段的输出结果是（　　）。

```
fseek(fp, 0, SEEK_END);
i=ftell(fp);
printf("i=%ld\n", i);
```

A. –1　　B. fp所指文件的长度，以字节为单位

C. 0　　D. 2

二、编程题

1. 编写一个程序，由键盘输入一个文件名，然后把从键盘输入的字符依次存放到该文件中，用'#'作为结束输入的标志。

2. 编写一个程序，建立一个abc文本文件，向其中写入"this is a test"字符串，然后显示该文件的内容。

3. 编写一程序，查找指定的文本文件中某个单词出现的行号及该行的内容。

附录 应用实例源代码

实例 1　输入/输出你的个人信息

```
#include<stdio.h>
void main()
{ int num,age,clas;
  printf("请输入你的学号：");
  scanf("%d",&num);
  printf("请输入你的班级：");
  scanf("%d",&clas);
  printf("请输入你的年龄：");
  scanf("%d",&age);
  printf("\n学号  班级  年龄\n");
  printf("%d    %d    %d\n",num,clas,age);
}
```

实例 2　计算银行存款本利之和

```
#include<stdio.h>
void main()
{  float rate,capital,deposit;
   int n;
   printf("请输入年利率：");
   scanf("%f",&rate);
   printf("请输入本金：");
   scanf("%f",&capital);
   printf("存多少年：");
   scanf("%d",&n);
   deposit=capital+capital*rate*n;
   printf("本金和利息的和是：%f\n",deposit);
}
```

实例 3　预测身高和体重

```
#include<stdio.h>
void main()
{ int moHeight,faHeight,meHeight;
  printf("请输入父母的身高(cm)：") ;
  scanf("%d%d",&moHeight,&faHeight);
  meHeight=(faHeight * 0.923 + moHeight) / 2;     //以女生为例
  printf("我的身高为：%d",meHeight);
}
```

实例 4　制作简单计算器

```
#include<stdio.h>
void main()
{  float x,y;
   char op;
   printf("请输入计算表达式: ");
   scanf("%f%c%f",&x,&op,&y);
   if(op=='+')  printf("%f+%f=%f",x,y,x+y);
   else if(op=='-')  printf("%f-%f=%f",x,y,x-y);
   else if(op=='*')  printf("%f*%f=%f",x,y,x*y);
   else if(op=='/')
   if(y==0) printf(" 除数为 0");
   else printf("%f/%f=%f",x,y,x/y);
   else printf("输入的表达式有误。");
}
```

实例 5　制作自动售货机

```
#include<stdio.h>
void main()
{  int  select1,select2,num;
   printf("请选择商品类别: 1.日用品  2.文具  3.食品\n");
   scanf("%d",&select1);
   switch(select1)
   { case 1: printf("1.牙刷(3.5元/支)  2.牙膏(9.5元/支) 3.肥皂(5.0元/块)");
             printf("请选择商品:");
             scanf("%d",&select2);
             printf("请输入数量: ");
             scanf("%d",&num);
             switch(select2)
             {  case 1: printf("总价格为%f\n",3.5*num);break;
                case 2: printf("总价格为%f\n",9.5*num);break;
                case 3: printf("总价格为%f\n",5.0*num);break;
                default:printf("输入错误! \n");
             }  break;
     case 2: printf("1.铅笔(1.0元/支)  2.橡皮(2.5元/块) 3.直尺(2.0元/支)\n");
          printf("请选择商品:");
          scanf("%d",&select2);
          printf("请输入数量: ");
          scanf("%d",&num);
          switch(select2)
          {  case 1: printf("总价格为%f\n",1.0*num);break;
             case 2: printf("总价格为%f\n",2.5*num);break;
             case 3: printf("总价格为%f\n",2.0*num);break;
             default:printf("输入错误! \n");
          }  break;
     case 3: printf("1.蛋糕(5.0元/块)  2.饮料(2.5元/瓶) 3.方便面(2.0元/袋)\n");
          printf("请选择商品:");
```

```
        scanf("%d",&select2);
        printf("请输入数量: ");
        scanf("%d",&num);
        switch(select2)
        {  case 1: printf("总价格为%f\n",5.0*num);break;
           case 2: printf("总价格为%f\n",2.5*num);break;
           case 3: printf("总价格为%f\n",2.0*num);break;
           default:printf("输入错误! \n");
        }  break;
    default: printf("输入有误");
  }
}
```

实例 6　舍罕王的失算

```
#include "math.h"
void main()
{ double sum=0;
  int i;
  for(i=1;i<=64;i++)
  sum+=pow(2,i-1);
  printf("麦子的总数为%f\n",sum);
}
```

实例 7　谁在说谎

```
#include<stdio.h>
void main()
{ int a,b,c;
  for(a=0;a<=1;a++)
  for(b=0;b<=1;b++)
  for(c=0;c<=1;c++)
  if((a&&!b||!a&&b)&&(b&&!c||!b&&c)&&(c&&a+b==0||!c&&a+b!=0))
  {  printf("Zhangsan told a %s.\n",a?"truth":"lie");
    printf("Lisi told a %s.\n",b?"truch":"lie");
    printf("Wangwu told a %s.\n",c?"truch":"lie");
  }
}
```

实例 8　寻找矩阵中的鞍点

```
#include <stdio.h>
void main()
{  int i,j,k,a[3][4],max,maxj,flag;
   for(i=0;i<3;i++)
      for(j=0;j<4;j++)
         scanf("%d",&a[i][j]);
   for(i=0;i<3;i++)
     { max=a[i][0];
       maxj=0;
       for(j=0;j<4;j++)
          if(a[i][j]>max)
             {max=a[i][j]; maxj=j; }
       flag=1;
       for(k=0;k<3;k++)
         if(max>a[k][maxj])
            { flag=0; break; }
       if(flag)
```

```
        { printf("%d",max);break;}
      }
    if(!flag)
      printf("NO");
}
```

实例 9 翻译数字

```
#include<stdio.h>
void main()
{ int a,b,c;
  char data1[20][10]={"zero","one","two","three","four","five","six","seven","eight",
"nine","ten","eleven","twevle","thirteen","forteen","fifteen","sixteen","seventeen","e
ighteen","ninteen"};
  char data2[8][7]={"twenty","thirty","forty","fifty","sixty","seventy","eighty","ninty"};
  printf("请输入一个小于100的数：");
  scanf("%d",&a);
  b=a/10;
  c=a%10;
  if(b!=0)
  {  printf("%s ",data2[b-2]);
     if(c!=0)
        printf("%s ",data1[c]);
  }
  else
     printf("%s ",data1[c]);
  printf("\n ");
}
```

实例 10 猜年龄

```
#include <stdio.h>
void main()
{ int age(int n);
  printf("%d\n",age(5));
}
int age(int n)                              /*求年龄的递归函数*/
{  int c;
  if (n==1)
     c=10;
  else
     c=age(n-1)+2;
  return(c);
}
```

实例 11 统计选票

```
#include <stdio.h>
void CountRs(char (*xx)[11],int *yy,int n)
{ int i,j,cnt;
  char  *pch;
    for(i = 0; i < n; i++)
       yy[i] =0;                            /*每个人的选票数赋值为0*/
   for(i = 0; i < n; i++)
    { cnt = 0;                              /*cnt为统计这张选票所选的人数*/
      pch = xx[i];                          /*或者pch = *(xx+i)*/
      while (*pch!='\0')
          { if(*(pch++) == '1')
             cnt++;
```

```
        }
        if(cnt <= 5)
        continue;
    /*小于等于 5 人，无效，结束本次循环（下面的 for（j）不做），进行下一次 for（i）循环*/
        for(j = 0; xx[i][j]!='\0'; j++)                    /*统计有效票*/
          {  if(xx[i][j] == '1')                           /*条件成立表示第 j 个人得一票*/
                yy[j]++;                                   /*则第 j 个人的票数增 1*/
          }
      }
    }
    void main()
    { int i;
     char   xx[10][11]={"1000100011",   "0110111101",   "1001110110",   "0000111000",
"1001111101", "1111010101", "1011010101", "0111010101", "0000111001", "1001110001"};
    int yy[10];
    CountRs(xx,yy, 10 );
    for(i=0;i<10;i++)
       printf("第%d 个人的选票数=%d\n",i+1,yy[i]  );
    }
```

实例 12 制作产品销售记录

```
    #include <string.h>
    #include <conio.h>
    #include <stdlib.h>
    #include <stdio.h>
    #define   MAX   3                          /*产品销售记录条数*/
    void input();                              /*函数声明*/
    void sort();                               /*函数声明*/
    void output();                             /*函数声明*/

    typedef struct
    { char dm[5];                              /*产品代码*/
     char mc[11];                              /*产品名称*/
     int dj;                                   /*单价*/
     int sl;                                   /*数量*/
     long je;                                  /*金额*/
    }PRO;
    PRO sell[MAX];

    void main()
    { input();                                 /*调用函数 input，输入产品销售记录并计算金额 */
     sort();                                   /*调用函数 sort，对记录按销售金额从高到低排序 */
     output();                                 /*调用函数 output，输出产品销售记录*/
    }
    void input()                               /*定义函数*/
    { int i;
     for(i=0;i<MAX;i++)
       {  printf("请输入第 %d 个产品的相关信息\n",i+1);
          printf("请输入产品代码:");
          scanf("%s",sell[i].dm);
          printf("请输入产品名称:");
          scanf("%s",sell[i].mc);
```

```
        printf("请输入产品单价:");
        scanf("%d",&sell[i].dj);
        printf("请输入产品数量:");
        scanf("%d",&sell[i].sl);
        sell[i].je=sell[i].dj*sell[i].sl;
      }
   }
   void sort()                                       /*定义函数*/
   { int i,j;
    PRO cell;
    for (i=0;i<MAX-1;i++)
      for (j=i+1;j<MAX;j++)
        if  (sell[i].je<sell[j].je)
          {cell=sell[i]; sell[i]=sell[j]; sell[j]=cell;}
    }
   void output()                                     /*定义函数*/
   { int i;
    printf("\n 按金额从高到低排序后: \n");
    printf("产品代码 产品名称  产品单价  产品数量  产品金额\n");
    for(i=0;i<MAX;i++)
      printf("%6s %10s %7d %8d %10ld\n", sell[i].dm,sell[i].mc,sell[i].dj,sell[i].sl,
sell[i].je);
   }
```

实验 13　制作班级通信录

```
   #include "stdio.h"
   #include "stdlib.h"
   #include "string.h"
   #include "conio.h"
   #define   SIZE   10                             /*通信录记录条数 */
   struct node                                      /*定义通信录的结构体类型 struct node*/
   { int id;
     char name[21];
     char tel[13];
   };
   void creat();                                    /*函数声明*/
   void print();                                    /*函数声明*/
   void search ();                                  /*函数声明*/
   void add();                                      /*函数声明*/
   void modi();                                     /*函数声明*/
   void main()
   {  int choice=0;                                 /*存放用户选项的变量*/
     while(1)                                       /*功能及操作的界面提示*/
     { printf("+------------------------------------------n");
      printf("|       Welcome to                        |\n");
      printf("|-------------------------------------   -|\n");
      printf("|    1. Init file to store  record        |\n");
      printf("|    2. AddRecord                         |\n");
      printf("|    3. QueryByName                       |\n");
      printf("|    4. ModifyByNumber                    |\n");
      printf("|    5. print                             |\n");
      printf("+++++++++++++++++++++++++++++++++++++++++++\n");
      printf("|    0. End Program                       |\n");
      printf("------------------------------------------\n");
```

```
        printf("# Please Input Your Choose                    #\n");
        printf("# number 1~5                                  #\n");
        printf("# number 0 to Exit the System                  #\n");
        printf("--------------------------------------------------\n");
        scanf("%d",&choice);
        getchar();
        switch(choice)                              /*根据用户选项调用相应函数*/
        { case 1: creat(); break;
          case 2: add(); break;
          case 3: search(); break;
          case 4: modi(); break;
          case 5: print();break;
          case 0:  exit(0);
          default: break;
        }
    }
}
void creat()
{ FILE  *fp;
  struct node t;
  int  count=0;
  if((fp=fopen("node.dat","wb"))==NULL)
   {  printf("Don't open  file\n");
     exit(0);
   }
  printf("请输入编号、姓名和电话。输入编号为0表示输入结束\n");
  printf("注意：编号不要超过10位，姓名不要超过20位，电话不要超过12位\n");
 while(count<=SIZE)
 {  /*输入学号，如为0则停止输入*/
    printf("编号:");
    scanf("%d",&t.id);
     if(t.id==0 )       break;
     /*提示输入学生姓名*/
     printf("姓名:");
     scanf("%s",t.name);
      /*提示输入学生各科成绩*/
     printf("电话:");
       scanf("%s",t.tel);
     printf("\n");
      /*如遇无法写入文件的异常，则加以提示*/
     if(fwrite(&t,sizeof(struct node),1,fp)!=1)
     {  perror("Write file fail ");
        getch();
        exit(1);
     }
     count++;
     }
      /*如果输入的数据量超过最大允许的范围，则提示数据不能录入*/
      if (count>SIZE)
           printf("\nsorry,number of data can not exceed%d\n",SIZE);
     fclose(fp);
 }
 void print()
 { FILE  *fp;
```

```
    struct node t;
    int  count=0;
    fp=fopen("node.dat","rb");
    if(fp==NULL)
    {  perror("Open file fail");
       getch();
       exit(1);
    }
  printf("  编号          姓名          电话\n");
  while((fread(&t,sizeof(struct node),1,fp))!= (int)NULL)
   {  printf("\n%d%20s%15s\n",t.id,t.name,t.tel);
      count++;
   }
   fclose(fp);
    printf("通信录中有%d 条记录\n",count);
  }
  void search ()
  { FILE  *fp;
    struct node t;
    char name[21];
    int flag=0;
    fp=fopen("node.dat","rb");
    if(fp==NULL)
    { perror("Open file fail");
      getch();
      exit(1);
    }
    printf("请输入要查找的姓名:");
    scanf("%s",name);
    while((fread(&t,sizeof(struct node),1,fp))!= (int)NULL)
    { if(strcmp(t.name,name)==0)
      {  printf("  编号          姓名          电话\n");
         printf("%d%20s%15s\n",t.id,t.name,t.tel);
         flag=1;
      }
     }
     if(flag==0)        printf("no search\n");
     fclose(fp);
  }
  void add()
  { FILE  *fp;
    struct node t;
    int  count=0;
    if((fp=fopen("node.dat","ab+"))==NULL)
    {  printf("Don't open  file\n");
       exit(0);
    }
  intf("请输入编号、姓名和电话。输入编号为 0 表示添加结束\n");
  intf("注意: 编号不要超过 10 位，姓名不要超过 20 位，电话不要超过 12 位\n");
  ile(count<=SIZE)
    /*输入学号，如为 0 则停止输入*/
    printf("编号:");
    scanf("%d",&t.id);
    if(t.id==0 )   break;
    *提示输入学生姓名*/
```

```
        printf("姓名:");
        scanf("%s",t.name);
          /*提示输入学生各科成绩*/
         printf("电话:");
           scanf("%s",t.tel);
           printf("\n");
           /*如遇无法写入文件的异常，则加以提示*/
            if(fwrite(&t,sizeof(struct node),1,fp)!=1)
            {  perror("Write file fail ");
               getch();
               exit(1);
            }
            count++;
          }
        /*如果输入的数据量超过最大允许的范围，则提示数据不能录入*/
        if (count>SIZE)
            printf("\nsorry,number of data can not exceed%d\n",SIZE);
        fclose(fp);
}
void modi()
{ FILE  *fp;
  struct node t[SIZE];
  int  count=0;
  char name[21];
  int i;
  fp=fopen("node.dat","rb");
  if(fp==NULL)
  {  perror("Open file fail");
    getch();
    exit(1);
  }
  while((fread(&t[count],sizeof(struct node),1,fp))!= (int)NULL)
      count++;
  fclose(fp);
  printf("请输入要修改的姓名:");
  scanf("%s",name);
  for(i=0;i<count;i++)
  {  if(strcmp(t[i].name,name)==0)
     { printf("请输入要修改的电话:");
       scanf("%s",&t[i].tel);
       break;
     }
  }
  if(i>=count)    printf("no search\n");
  fp=fopen("node.dat","wb");
  if(fp==NULL)
  {  perror("Open file fail");
     getch();
     exit(1);
  }
  for( i=0;i<count;i++)
     fwrite(&t[i],sizeof(struct node),1,fp);
  fclose(fp);
}
```